果树丰产栽培技术丛书

YINGTAO YOUZHI
FENGCHAN
ZAIPEI
SHIYONG
JISHU

樱桃

优质丰产
栽培实用技术

陈敬谊　主编

U0205635

化学工业出版社
·北京·

图书在版编目（CIP）数据

樱桃优质丰产栽培实用技术/陈敬谊主编．—北京：
化学工业出版社，2016.2（2024.6重印）
（果树丰产栽培技术丛书）
ISBN 978-7-122-26040-6

Ⅰ．①樱…　Ⅱ．①陈…　Ⅲ．①樱桃-果树园艺
Ⅳ．①S662.5

中国版本图书馆 CIP 数据核字（2016）第 007283 号

责任编辑：邵桂林　　　　　　文字编辑：焦欣渝
责任校对：宋　玮　　　　　　装帧设计：孙远博

出版发行：化学工业出版社（北京市东城区青年湖南街 13 号　邮政编码 100011）
印　　装：北京天宇星印刷厂
850mm×1168mm　1/32　印张 7　字数 144 千字
2024 年 6 月北京第 1 版第 7 次印刷

购书咨询：010-64518888（传真：010-64519686）　售后服务：010-64518899
网　　址：http://www.cip.com.cn
凡购买本书，如有缺损质量问题，本社销售中心负责调换。

定　　价：25.00 元　　　　　　　　　　版权所有　违者必究

编写人员名单

主　　编　陈敬谊

编写人员　陈敬谊　蔡玉红　陈志勇　侯忠民

前　言

　　樱桃树栽培管理技术的高低直接影响樱桃园的经济效益。在现代农业的大背景下，果树的栽培管理生产，已经不能仅关注果品的产量，更应注重果品的质量，才能满足市场需求，才能创造出高的经济效益，这就需要有现代的、先进的果树栽培和管理技术作后盾。同时随着国家现代新型农业产业体系的建设，越来越多的人加入到现代农业的经营与管理的行列，尤其各地新建各种大型农业园区、樱桃园区等的发展势头强劲，樱桃的优质、高效、丰产栽培与管理技术是相关从业者必须掌握的关键技术。

　　本书对樱桃生产现状与发展趋势、樱桃优良品种的特性与品种选择、樱桃育苗技术、樱桃园建园技术、整形修剪技术、土肥水管理技术、花果管理、病虫害防治技术等内容进行了详细的介绍，以便樱桃的种植及管理人员、相关技术服务人员能够全面、详尽地掌握樱桃优质丰产的现代栽培技术。

　　本书结合笔者多年生产一线的实践经验，根据樱桃栽培管理中的实际需求，力求介绍生产中最实用的先进技术，介绍生产新动向，以服务于现代农业大背景下的樱桃产业的发展需求，使内容贴近实际，解决果农在生产中遇到的实际问题。

　　本书在编写过程中，参阅了一些专家、学者的研究成果及相关书刊资料，在此表示真诚的谢意。

　　由于笔者水平有限，加之时间仓促，书中难免存在疏漏之处，敬请读者批评指正。

编者
2016 年 2 月

目录
contents

第一章 概 述

第一节 樱桃栽培的经济意义

樱桃果实色泽艳丽，味道鲜美适口。樱桃果肉营养丰富，被誉为果中珍品。大樱桃（甜樱桃）比中国樱桃（小樱桃）果实大 3～4 倍，风味好，色泽优，储运性好，作为鲜食栽培价值更高。据测定，大樱桃可食部分占 88％以上，每 100 克鲜果中含水分 85.5 克、糖 8～14.48 克、蛋白质 1.1～1.2 克、脂质 0.5 克、钙 6～10 毫克、磷 31 毫克、铁 5.9 毫克、钠 8 毫克。还富含各种游离的氨基酸和维生素，其中天冬酰胺含量特别高，每 100 克果汁中含 47.0 毫克，显著高于其他水果。此外，天冬氨酸含量也较高。

樱桃的果实、根、叶、枝、果核等还有药用价值，果实性温，味甘，有调中益脾、调气活血、平肝去热功效；种核性平，味苦辛，有透疹解毒之效。

樱桃果实除供鲜食外，还可加工成樱桃汁、酒、酱、糖水樱桃、樱桃脯、小点心等加工产品。

樱桃果实成熟早，发育期短，有"春果第一枝"的美称。由于在果实发育期很少或不需喷施农药，易进行无公害或绿色食品生产，深受消费者喜爱。

樱桃既适宜大面积栽种，又适宜发展农村庭院经济，尤其是小气候较好的条件下栽培，果实成熟可提早到 5 月上旬与小樱桃、草莓同时上市，售价更高。

第二节　栽培历史与栽培现状

一、栽培历史

樱桃作为果树栽培的有四种，即中国樱桃、甜樱桃、酸樱桃和毛樱桃。

中国樱桃原产我国，俗称"小樱桃"。中国樱桃在我国栽培历史悠久，早在 3000 年前就有记载，除青藏高原、海南省和台湾省外，北纬 35°以南地区均有分布。由于中国樱桃的果实较小，储运性较差，经济价值较低，大规模栽培很少。

甜樱桃原产于欧洲和西亚，引入我国已有 100 多年的历史，其果实个大，肉质较硬，耐储运性好，鲜食、加工均适宜，是当前栽培经济价值最高的果树之一，也是我国樱桃生产发展的主要种类。

酸樱桃和毛樱桃果实小、品质较差，较少进行栽培生产。

二、栽培现状

我国幅员辽阔，在渤海湾沿岸长期生产栽培中已经形成了一些著名产区。如山东烟台、青岛、枣庄、泰安等地，河北秦皇岛，辽宁旅顺、大连等既是中国樱桃主要产区，也是甜樱桃的重要生产基地。

浙江诸暨、安徽太和、江苏南京等地，是我国南方中国樱桃的著名产地。

一般在适宜栽植中国樱桃的地区，也能栽种甜樱桃。甜樱桃的四个适生区是：

1. 环渤海湾地区

这是我国甜樱桃栽培实践中引种最早、栽培历史最长、品种分布最广泛、栽培经验最丰富、现有面积最大、发展速度也最快的地区。包括山东、辽宁、天津、北京、河北的大部分地区。

2. 陇海铁路东段沿线早熟栽培区

包括江苏北部、安徽北部、山东南部、河南中北部、陕西关中、山西南部和甘肃天水地区等。此地区甜樱桃成熟期比环渤海湾地区提早 10～20 天，将成为我国甜樱桃新的主产大区。

3. 西南高原特早熟栽培区

包括四川和云南在前述适宜气候条件下的高海拔地区。此地区的成熟期有的地方可提前到 4 月到 5 月初，且果个大、品质特优。

4. 分散栽培区

包括新疆南部和寒冷地区进行保护地栽培的地区。少量栽培可获得极高的效益，对全国各地区的樱桃供应起一定的调节作用。

第三节　生产中存在的问题及解决对策

一、存在的问题

1. 盲目发展

甜樱桃的适应性较差，喜温而不耐寒，冬季的绝对最低温度是影响大樱桃分布的重要因素，且开花较早，很容易受到早春晚霜的危害。所以在我国相当多的地区，自然气候条件不适宜其生长发育，如冬季干冷多风、夏季高温多雨、土质黏重易积涝、春短升温过快的地区不宜发展甜樱桃。雨季早的地区若不实行避雨栽培，果实成熟期即已进入雨季，极易引起大量裂果，难以形成商品产量。引种栽培时不应盲目发展。

2. 品种单一，苗木质量差

目前我国栽培品种以早熟品种红灯为主，约占70%以上，中晚熟品种比例小，品种结构不合理，各地采收供应期短，上市集中，销售压力大。

樱桃苗木繁育中存在砧木、接穗品种组合较随意的现象，以致优质苗木少，影响甜樱桃生产的健康发展。如草樱桃根系发达，须根多，与甜樱桃嫁接亲和性好，小脚现象不明显，植株生长发育快，但粗根少、根系浅，植株抗风、抗旱能力均较差，且根癌病和流胶病较重，尤以莱阳矮樱桃为甚。马哈利樱桃是国外常用的甜樱桃砧木，欧美各国普遍采用，但与一些品种嫁接亲和力差，成活树粗根多，细根少，风土适应性差，大量结果后极易引起死树。

3. 结果晚，产量低

甜樱桃一般4年见果，5～7年丰产，生产中对幼树忽视管理，导致树形紊乱、树势衰弱，结果晚，产量低；有的园区授粉品种配置不当，授粉不良，影响结果。

4. 果实品质差，整体效益低

种植密度大，整形修剪不当，树势郁闭；或片面追求产量，坐果过多，树势衰弱，果实单果重小，品质差；甜樱桃成熟过程中遇雨裂果、鸟害等，也会造成商品果率低。

二、解决对策

1. 推广普及优良品种

选择适应性广、抗逆性强、丰产、质优、鲜食加工兼用的优良品种，做好早、中、晚熟品种搭配。除发展鲜食、加工兼用的红色品种如红灯外，应注意培育推广优良品种，如可自花授粉结实的斯坦勒和拉宾斯等。

2. 选择优良砧木

应重视良种良砧配套。选择适应性广、抗逆性强、嫁接亲和力高、抗根癌病、资源丰富的优良砧木。在目前已经利用的砧木资源中，中国樱桃中的一些品种、类型，对根癌病有高度抗性，适于在冬季不发生冻害的地区应用。近年来，欧美一些国家和地区采用樱桃种间杂交和实生选种等方法，选出了许多优良的樱桃矮化砧。

3. 采用标准化栽培管理技术

采用矮化、密植、早丰产栽培技术，实现定植后 3 年结果、5 年进入丰产期，促使幼树早投产，成年树稳产丰产。

采用科学的整形修剪、土肥水管理、病虫害防治等配套技术，生产出品质优良的樱桃，满足市场需求。

第二章 樱桃品种

第一节 品种分类

世界上的樱桃品种很多，据文献报道，欧洲樱桃（甜樱桃、酸樱桃及杂种樱桃）品种有 1500 个以上，我国引进栽培的品种及新选育的品种在 100 个以上。

常以果肉硬软、果汁果肉的颜色及成熟期作为樱桃品种分类的主要依据。

甜樱桃品种可分硬肉品种群和软肉品种群。硬肉品种的果实特点为果皮厚，肉质脆，耐储能力强；软肉品种群的果实特点是果皮薄，果肉柔软多汁。

根据果皮及果汁的颜色又可分为浓红色和淡红色两类，根据果实的成熟期可分为早、中、晚熟品种。

第二节 主要品种

一、甜樱桃

1. 早红宝石

果实中大，单果重 5～6 克，阔心脏形，紫红色，果点玫瑰红色，采果易。果皮细，易剥离，肉质细嫩，多汁，酸甜适口，鲜食品质优。花后 27～30 天果实成熟，为极早熟樱桃品种。

植株生长强健，抗寒抗旱。以花束状果枝和一年生果枝结果。嫁接苗栽后第 3～4 年始果，成龄树每亩产 1060 千克以上。

2. 乌梅极早

果实大，整齐，单果重 6～7 克，心脏形，红色，皮细、紧密，易剥皮。果肉鲜红色，多汁，细嫩爽口，具有葡萄型甜味，果汁玫瑰红色。果核中大，圆形，离核，花后 28～32 天果实成熟，成熟期一致。鲜食品质优，为极早熟樱桃品种。

植株生长健壮，抗寒抗旱，以花束状果枝和一年生果枝结果。嫁接苗栽后第 3～4 年始果，成龄树每亩产 900 千克左右。

3. 极佳

果实大，单果重 6～8 克，紫红色。果肉紫红色带有白色纹理，半硬肉，多汁，汁浓，紫红色，葡萄甜味，鲜食品质佳。果核圆，光滑。花后 32～35 天果实成熟。

植株生长强健，抗寒抗旱。嫁接苗栽后第 3～4 年始果，以一年生果枝和 2～5 年生花束状果枝结果，花束状果枝寿命可达 11～14 年，连年丰产、高产，成龄树每亩产 750 千克左右，最高达 1020～1040 千克，经济效益高。

4. 大紫

大紫又名大红袍、大红樱桃。原产于前苏联，克里木地区栽培历史 190 余年。1794 年引入英国，19 世纪初引入美国，1890 年引入我国山东烟台，后传至辽宁、河北等地，是目前我国的主栽品种之一。

果实平均单果重 6.0 克左右，最大果可达 10 克。果实心脏形或宽心脏形，果梗中长而较细，与果实易脱离，不易落果。果皮初熟时浅红色，成熟后为紫红色或深紫红色，有光泽，皮薄易剥离。果肉浅红色至红色，质地软，汁多味甜，可溶性固形物含量因成熟度和产地不同而异，一般在 12%～16%，品质中上。果核大，可食率 90%。开花期晚，一般比那翁、雷尼晚 5 天左右，但果实发育期短，约为 40 天左右，在山东半岛 5 月下旬至 6 月上旬成熟，在鲁中南地区 5 月中旬成熟，成熟期不太一致，需分批采收。

树势强健，幼树期枝条较直立，随着结果量增加逐渐开张。萌芽力高，成枝力较强，节间长，枝条细，枝冠大，树体不紧凑，树冠内部容易光秃。叶片为长卵圆形，特大，平均长 10～18 厘米，宽 6.2～8 厘米，故有"大叶子"别称。

5. 莫勒乌

莫勒乌又名意大利早红，原产于法国。1989 年从意大利引入我国山东临朐果树实验站。果实短鸡心形，单果重 8～10 克，最大 12 克。果皮紫红色，果肉红色，肉厚细嫩，硬脆，汁多，风味酸甜，可溶性固形物 11.5%，含酸 0.68%，品质优。果实不裂果，耐储运，采收后在常温下储藏 7～10 天。

生长势强，树姿开张，萌芽力、成枝力高。花芽大，饱满，成花易，4 月中旬开花，5 月中旬果实成熟，比大紫、红灯早熟 1 周，果实发育期 32 天。

适应性强，抗寒抗旱，在山丘砾石土壤和沙壤土中栽植生长良好。栽植后第 3 年结果，第 5 年丰产，盛果期每亩产 1000～1500 千克。适宜授粉的品种有红灯、芝罘红、鸡心等。

布加勒乌·帕莱特（Bigaareau Burlet）果实性状与莫勒乌相同，只是成熟期晚 1 周左右，在山东临朐采收期为 5 月 25 日前后。

6. 红灯

红灯是大连农业科学研究所育成的一个甜樱桃品种，1963 年杂交，其亲本为那翁×黄玉，1973 年定名。在辽宁、河北及山东各地均有栽培，我国西北地区已引种试栽，是仅次于大紫的重要早熟品种。

果实大型，平均单果重 9.6 克，最大果达 12 克。果实肾脏形，果梗粗短。果皮红至紫红色，富光泽，色泽艳丽，外形美观。果肉淡黄、半软、汁多，味甜酸适口，可溶性固形物多在 14%～15%，可溶性糖 14.48%，每 100 克含维生素 C 16.89 毫克、干物质 20.09%。核小，半离核，可食部分达 92.9%。成熟期较早，于大紫采收的后期开始采收，胶东半岛 5 月底至 6 月上旬成熟。

该品种个大，成熟期较早，较耐储运，市场竞争力强，颇受果农及消费者欢迎。唯皮薄，易受机械损伤。采前遇雨有轻微裂果，采果前要注意水浇条件。

7. 芝罘红

原名烟台红樱桃。原产于山东烟台市芝罘区上夼村，系烟台市芝罘区农林局 1979 年在上夼村发现的一偶然实生株，在山东烟台及鲁中南地区有部分栽植，生长结果均表现良好。

果实大型，平均单果重 8 克，最大果重 9.5 克。果实圆球形，梗洼处缝合线有短深沟。果梗长而粗，长 5.6～

6 厘米，不易与果实分离，采前落果较轻。果皮鲜红色，具光泽，外形极美观。果肉浅红色，质地较硬，汁多，浅红色，酸甜适口，可溶性固形物含量较高，一般为 15％，风味佳，品质上。果皮不易剥离。离核，核较小，可食部分 91.4％。成熟期比大紫晚 3～5 天，几乎与红灯同熟，成熟期较一致，一般 2～3 次便可采完。

该品种果个大，早熟，外形极美观，品质好，果肉较硬，耐储运性强，丰产，适应性较强，是目前提倡大力发展的红色早熟品种之一。

8. 美早

由美国引入，果实阔心脏形，平均果重 11.3 克，最大果重 13.2 克，果实紫红色或紫黑色，有光泽，极艳丽美观。果肉浅黄色，质脆，酸甜适口，风味佳，品质优，可溶性固形物 17.6％，果实较耐储运。在大连地区 4 月中下旬开花，果实 6 月上旬成熟，比红灯晚熟 2～3 天，但成熟期一致性好于红灯。

树势强健，树姿半开张。幼树以中长果枝结果为主，花芽大，成花易，盛果期以短果枝和花束状果枝结果。较丰产，抗病、抗寒性强。

9. 龙冠

中国农业科学院郑州果树研究所以那翁×大紫杂交育成，1996 年 5 月通过河南农作物品种审定委员会审定。果实宽心脏形，平均果重 6.8 克，最大果重 12 克。果皮呈宝石红色，肉质较硬，果肉及汁液呈紫红色，汁液多，pH 值 3.5，酸甜适口，风味浓郁，品质优良，可溶性固形物达 13％～16％，总糖为 11.75％，总酸为 0.78％，每 100 克鲜果含维生素 C 45.70 毫克。果核椭圆形，黏核，果实较耐储运。

树体生长健壮，叶片肥厚，在郑州地区气候条件下花芽未发现冻害，开花整齐，自花坐果率高达 25％～30％，适宜授粉品种为红密和 3～9 优系。4 月上旬开花，5 月中旬果实成熟，果实发育期为 40 天左右。苗木栽植后第 3 年始果，平均株产 3.8 千克，最高株产 6.2 千克，盛果期产量每亩可达 1200～1500 千克。

适应性、抗逆性均强，现我国中西部地区、山西、安徽、新疆、贵州、河北、山东等地已引种试栽。

10. 庄园

果实大，单果重 8～10 克，圆形至心脏形，浅黄色，覆浓玫瑰红或绯红色，果皮细、紧。果肉白色，细嫩，汁多，半硬肉，酸甜爽口，鲜食品质极佳。花后 41～45 天果实成熟。

植株健壮，抗寒抗旱，以花束状果枝和一年生果枝结果，嫁接苗栽后第 3～4 年结果，成龄树每亩产 1400 千克以上。

11. 胜利

果实大，单果重 10～12 克，最大果重达 15 克以上，扁圆锥形，紫红色。汁多，酸甜，硬肉，鲜食品质极佳。花后 45～50 天果实成熟，耐储运。

植株健壮，抗寒抗旱，以花束状果枝和一年生果枝结果。嫁接苗栽后第 3 年始果，成龄树每亩产量达 1150 千克以上。

12. 抉择

果实大，整齐，单果重 9～11 克，圆形至心脏形，紫红色。果肉细嫩，多汁，半硬肉，酸甜爽口。果皮细、薄，易剥离。汁液紫红色，鲜食品质佳。花后 42～45 天果实成熟。

植株健壮，抗寒抗旱，以花束状果枝和一年生果枝结果。嫁接苗栽后第 3～4 年始果，成龄树每亩产 1030 千克以上。

13. 时代

果实大，单果重 9～11 克，圆形，紫红色。果肉紫红色，细嫩，多汁，半硬肉，酸甜适口，鲜食品质佳。花后 40～45 天果实成熟。

植株健壮，抗寒抗旱，以花束状果枝和一年生果枝结果。嫁接苗栽后第 3～4 年始果，成龄树每亩产 1220 千克以上。

14. 宇宙

果实大，整齐，单果重 9～11 克，圆形至心脏形，果实绯红色，极漂亮。果肉奶油色，多汁，酸甜适口，硬肉，汁无色，鲜食品质佳。花后 50～55 天果实成熟。

植株健壮，抗寒抗旱，以花束状果枝和一年生果枝结果。嫁接苗栽后第 3～4 年始果，成龄树每亩产达 1140 千克以上。

15. 佐藤锦

由日本大正元年山行县东根市的佐藤荣助用黄玉×那翁育成，1928 年中岛天香园命名为佐藤锦。1986 年烟台、威海引进栽培，表现丰产、质优，正在扩大栽培。

果实中大，平均单果重 6.7 克，短心脏形，果皮底色黄色，上着鲜红晕，光泽美丽。果肉白中带鲜黄色，肉厚，核小，可溶性固形物含量达 18%，酸甜适口，酸味偏少，口感好，品质上。

在山东烟台 6 月上旬成熟,比那翁早熟 5 天。果实硬度大,耐储运,丰产,鲜食品质最佳,在日本被认为是最有竞争力的鲜食品种。佐藤锦适应性强,在山丘地砾质壤土和沙壤土栽培,生长结果良好,但我国引种试栽,颜色和成熟期不够理想。

16. 雷尼

雷尼是美国华盛顿州农业实验站和农业部 1960 年共同开发的品种,杂交组合是宾库×先锋,名称是以产地华盛顿州海拔 4500 米的雷尼山的名称命名的。1983 年由中国农科学院郑州果树研究所从美国引入我国,1984 年引入山东果树研究所试栽,1985 年传到烟台,现已在山东鲁中南地区推广。

果实大型,平均单果重 8~9 克,最大果达 12 克,果实心脏形。果皮底色黄色,富鲜红色红晕,在光照好的部位可全面红色,甚艳丽美观。果肉无色,质地较硬,可溶性固形物含量高,在鲁中南地区栽培条件下高达 15%~17%,风味好,品质佳。离核,核小,可食部分达 93%。抗裂果,耐储运,生食、加工皆宜。在胶东半岛 6 月上中旬成熟,在鲁中南山区 6 月初成熟,是一个丰产优质的优良品种。

树势强健,枝条粗壮,节间短,树冠紧凑。以短果枝结果为主,早果丰产,栽后 3 年结果,5~6 年进入盛果期,5 年生树株产 20 千克。花粉多,是宾库的良好授粉品种。

该品种具有很大的发展潜力。

17. 先锋

先锋译名范,由加拿大不列颠哥伦比亚省育成。在欧洲、美国、亚洲均有栽培，1983 年中国农业科学院郑州果树研究所由美国引入，1984 年引入山东泰安山东省果树研究所试栽。

果实大型，平均单果重 8.6 克，最大果重 10.5 克。果实肾脏形，紫红色，光泽艳丽，缝合线明显，果梗短、粗为其明显的特征。果皮厚而韧，果肉玫瑰红色，肉质脆硬，肥厚，汁多，酸甜可口，可溶性同形物含量 17%～19%，风味好，品质佳，可食率达 92.1%。核小，圆形。胶东半岛 6 月中下旬，鲁中南地区 6 月上中旬成熟，耐储运。

树势强健，枝条粗壮。丰产性较好，很少裂果，适宜的授粉树是宾库、那翁、雷尼。先锋花粉量较多，也是一个极好的授粉品种。经多点试栽，其早果性、丰产性甚好，且果个大，耐储运，抗裂果，可进一步扩大试栽。

紧凑型先锋的早实性、丰产性等果实性状与先锋相同，唯一不同的是，树冠比先锋小而紧凑，更适于密植栽培。

18. 宾库

原产于美国俄勒冈州，为 Republican 的自然杂交种，有 100 余年的栽培历史，是美国、加拿大的主栽品种之一。1982 年山东外贸从加拿大引入山东省果树研究所，1983 年中国农业科学院郑州果树研究所又从美国引入试栽。

果实大型，平均单果重 7.2 克。果实心脏形，梗洼宽、深，果顶平，近梗洼处缝合线侧有短深沟，果梗粗短。果皮浓红色至紫红色，外形美观，果皮厚。果肉粉红，质地脆硬，汁多，淡红色。半离核，核小，酸甜适度，品质上。在胶东半岛 6 月中下旬，鲁中南地区 6 月上中旬成熟。丰产、稳产性好，耐储运。采前遇雨有裂果现象。适宜的授粉品种有大紫、早紫、红灯、斯坦勒等。

树势强健，枝条粗壮、直立，树冠大，树姿较开张，花束状结果枝占多数。叶片大，倒卵状椭圆形。丰产，优质，适应性较强，较耐储运，是晚熟优良品种。

19. 拉宾斯（Lapins）

拉宾斯是加拿大杂交育成的自花结实品种，杂交组合为先锋×斯坦勒，为加拿大重点推广品种之一。1988 年引入我国山东烟台。

果实大型，平均单果重 8 克，加拿大报道平均单果重 11.5 克。果实近圆形或卵圆形，紫红色，有光泽，美观。果梗中长中粗，不易萎蔫。果皮厚韧，果肉肥厚，脆硬，果汁多，可溶性固形物 16%，风味佳，品质上。山东烟台 6 月下旬成熟，较耐储运。

树势强健，树姿较直立，耐寒，白花结实，并可作为其他品种的授粉树。试栽看出，早果性和丰产性较好，裂果轻，可进一步扩大试栽。

二、酸樱桃

1. 顽童

杂交种，果实大，整齐一致，单果重 5.5 克。扁圆形，浓紫红色或近黑色。果肉紫红色，细嫩多汁，酸甜爽口，鲜食品质佳。花后果实 50～55 天成熟。果实亦适宜加工。

植株健壮，冠圆形，枝中密，以花束状果枝和一年生果枝结果。嫁接苗栽后第 2 年始果，连年丰产高产，成龄树每亩产 1250 千克以上。抗寒抗旱，抗细菌病害，具有广泛的适应性。

2. 相约

果实特大，单果重 8～9 克，扁圆形，紫红色。果肉红色，细嫩多汁，软肉，酸甜适口，果汁红色，鲜食品质极佳。花后 50～60 天果实成熟，适宜加工。

植株长势中庸，偏弱，十年生树高 160 厘米。以花束状果枝和一年生果枝结果，部分白花结实。嫁接苗栽后第 2～3 年始果，8 年生树株产 23.0 千克。抗旱抗寒力中等。

3. 美味

果实大，整齐，单果重 6～8 克，圆形，红色。果肉玫瑰红色，细嫩柔软，具葡萄甜味，汁液玫瑰红色，鲜食品质极佳。花后 60～65 天果实成熟，适于加工各类点心。

植株健壮，冠圆形，枝中密，以长果枝和一年生果枝结果为主。嫁接苗栽后第 3 年始果，成龄树每亩产 640～710 千克。抗寒抗旱力中等，对细菌性病害、褐腐病抗性中等。

4. 毛把酸

1871 年由美国 J. L. Nevius 引入山东烟台，是我国的酸樱桃主栽品种之一。果实小，圆球形或扁圆形，平均果重 2.5～2.9 克，果皮浓紫红色，具有蜡状光泽。果肉柔嫩多汁，酸甜，品质中上，成熟期在 6 月上旬。核小，离核。果柄基部常有苞片或小叶状，为其典型特征。适应性强，抗寒抗旱，耐瘠薄。易繁殖，花期晚，不易受晚霜危害，生产中可作为甜樱桃的授粉树和砧木应用。

5. 斯塔克

该品种不带樱桃黄矮病毒和环斑坏死病毒。树冠比普通型蒙特莫伦斯略小，适于机械采收。早熟性、丰产性均比蒙特莫伦斯好，其他特点与其相似，自花结果。

三、杂种樱桃

1. 盼迪

甜樱桃和酸樱桃的天然杂交种（四倍体）。果实大，单果重 7～8 克。味美，果肉红色，酸度明显低于蒙特莫伦斯，一般作为鲜果食用。树势强健，叶片中等大小，2～4 年开始结果。自花不育，酸樱桃 Cigany、甜樱桃 Bigarreau 和 Germersdorfi 是其授粉树。花期不抗寒，在遗传上非常接近 Duke cheries 或 Anglaises。盼迪是匈牙利栽培最多的一个品种。

2. 尔迪·博特莫

1978～1979 年在匈牙利由盼迪品种中选育而成。果实中等大小，扁球形。果皮鲜红，果肉橘黄色，较硬，风味酸甜，非常鲜美。果汁色较浅，糖度中等，酸度一般，较早熟，高产，可作鲜食和加工用。适于机械采收。

3. 西甘内

西甘内是欧洲甜樱桃与草樱桃杂交而成的一个老的种群。树体紧凑、开张，自花可育，并宜机械收获。8～10 年生树一般株产 40 千克左右。果肉和果汁的颜色很鲜艳，果实适于加工果汁和果酒。西甘内是盼迪的优良授粉树，在匈牙利有一定的种植面积（约占 20%）。

4. 弗尔套斯

1978～1979 年由匈牙利选育而成。自花可育，是盼迪的自花可育型，果实稍小，并成串分布在枝条上，无果柄，能机械采收，较晚熟。

5. 玛瑙

19 世纪在法国育成。味甜酸，是大樱桃杂种中最优良的品种之一。果实大，长圆形或长卵圆形。果顶圆而顶点有小凹陷，果柄细，长约 4 厘米，果皮暗红色，柔软，易剥离。果肉灰黄色，肉质柔软，酸味较少，果汁无色，核稍大，长圆形，扁平。在河北 6 月上旬成熟。树冠中大，树姿开张，不够丰产。

第三节　品种选择与配置

一、品种选择

应根据栽培目的和市场需求确定。

1. 栽培目的

樱桃的果实主要有鲜食和加工两种用途。鲜食，应选择优质丰产、个大、色艳、味美的品种；用于加工，可选择肉硬、高产、品质好的品种，专用制汁的可选用酸度较高、果汁颜色浓、可溶性固形物含量高的品种。

2. 消费需求

考虑消费市场，鲜食品种的发展应占主要地位，市场需要个大、色艳、肉质柔韧、肥厚多汁、酸甜适口且耐储运的品种，应根据品种的主要特性加以综合考虑。

（1）色泽　我国消费者更喜爱深色品种，包括深红色或紫红色，黄色品种竞争力较差。种植应以深红色品种为主，如红灯、芝罘红、先锋、宾库、拉宾斯等；黄色品种品质好的可适当发展，如佐藤锦、雷尼、红蜜等。

（2）果实大小　尽量发展大型果，目前大型果的品种有红灯、意大利早红、雷尼等。

（3）风味　甜樱桃应以甜为主，甜酸适口，风味上佳。红灯和红蜜的品质超过老品种那翁，但采摘时成熟度应高一些。

3. 适应性

考虑气候适应性、丰产性、抗裂果性等。

（1）气候适应性　如果当地果实成熟期常有降水，应选先锋、大紫、拉宾斯等抗裂果品种；如果当地冬季寒冷，应选择抗寒性强的品种如莫莉、雷尼尔、艳阳、先锋等；如果当地花期经常有晚霜危害，应选花期较晚、抗晚霜的品种（如龙冠）等；园地距离消费市场远，应选择耐储运品种如红灯、斯坦勒、巨红等。

（2）丰产性　从已有栽培品种表现来看，芝罘红、红蜜、红艳、雷尼、红灯、红丰、那翁、拉宾斯、斯坦勒、先锋、佐藤锦等在正常气候年份都比较丰产；但那翁、拉宾斯、斯坦勒、先锋等品种花期遇低温则坐果率很低，抗低温能力差。

（3）抗裂果性　裂果是影响果实品质的重要因素，当前栽培品种一般早熟种都表现不裂果或裂果轻；中熟和晚熟品种，如红丰、红艳、那翁等裂果比较严重。据资料介绍，拉宾斯、萨米脱、斯坦勒等品种都是抗裂果品种。

二、品种配置

1. 品种配置应先确定主栽品种

确定综合性状突出的、成熟期衔接较好的品种，一般面积较小的园地只需 1～2 个主栽品种，面积较大的可选 2～4 个主栽品种；城市近郊销售方便，可多选择早熟品种，偏远地区宜选择较晚熟耐运品种；较温暖地区可选择早熟品种，较寒冷地区可选择晚熟品种，整体延长樱桃的供应期，也便于销售和提高效益。

2. 考虑成熟期

樱桃与其他果树相比，成熟期早，上市早，要选择成熟期早的品种为主，但晚熟品种品质好，为延长樱桃的供应期，果园采收不致过于集中，也应发展一定数量的中、晚熟品种。早、中、晚熟品种的比例可考虑为 6∶2∶2，即：60％早熟品种如红灯、意大利早红、芝罘红等；20％中熟品种如佐藤锦、红蜜、红艳等；20％晚熟品种如宾库、雷尼、拉宾斯、先锋等。

第三章　生长结果习性

第一节　树体结构

樱桃树体可分为乔木型和灌木型两类。

一、乔木型

甜樱桃和甜、酸杂交种属乔木型树冠。树体高大（原产地甜樱桃高可达 20 米左右），长势健旺，干性强，属性明显，树冠呈自然圆头形或开张半圆形。

甜樱桃的特点如下：

① 一般定植后 4～5 年开始结果，8～10 年进入盛果期，盛果期一般维持 15～20 年。30 年左右的大树进入衰老期。

② 甜樱桃的根萌蘖力差，但潜伏芽寿命长，萌发力强，是骨干枝和树冠更新基础。

一般成枝力强、离心生长迅速的品种，骨干枝的更新周期短一些；成枝力弱、离心生长慢的品种，更新周期长一些。

不同级次的骨干枝中，高级次骨干枝（4～6 级）的更新周期较短，一般为 5～15 年；低级次骨干枝，更新周期较长，一般为 20～30 年。

二、灌木型

酸樱桃树体多为矮小的灌木或小乔木。

其特点如下：

① 干性弱，属性不明显，树冠呈丛状扁圆头形。一般树高 2.5～3 米，冠径 3.5～4.5 米，寿命 10 余年。

② 萌蘖力强，能通过根蘖不断更新树冠，整株寿命可延长至 30 年以上。

③ 酸樱桃一般定植 3 年开始结果，7～8 年进入盛果期，盛果期可延续 15 年以上。

第二节　根系特性

根系是樱桃树赖以生存的基础，是果树的重要地下器官。根系的数量、粗细、质量、分布深浅、活动能力强弱，直接影响树体地上部的枝条生长、叶片大小、花芽分化、坐果、产量和品质。土壤的改良、松土、施肥、灌水等重要果树管理措施，都是为了给根系生长发育创造良好的条件，以增强根系生长和代谢活动、调节树体上下部平衡、协调生长，从而实现樱桃树丰产、优质、高效的生产目的。

一、根系的功能

根是樱桃树重要的营养器官，根系发育的好坏对地上部生长结果有重要影响。根系有固定、吸收、输导、合成、储藏营养、繁殖 6 大功能。

1. 固定

根系深入地下，既有水平分布又有垂直分布，具有固定树体、抗倒伏的作用。

2. 吸收

根系能吸收土壤中的水分和许多矿物质元素。

3. 储藏营养

根系具有储藏营养的功能。果树第 2 年春季萌芽、展叶、开花、坐果、新梢生长等所需要的营养物质，都是由上一年秋季落叶前叶片制造的营养物质通过树体的韧皮部向下输送到根系内储藏起来，供应树体地上部第 2 年开始生长时利用的。

4. 合成

根系是合成多种有机化合物的场所，根毛从土壤中吸收到的铵盐、硝酸盐，在根内转化为氨基酸、酰胺等，然后运往地上部，供各个器官（花、果、叶等）正常生长发育的需要。根还能合成某些特殊物质，如激素（细胞分裂素、生长素）和其他生理活性物质，对地上部生长起调节作用。

5. 输导

根系吸收的水分和矿物质营养元素需通过输导根的作用，运输到地上部供应各器官的生长和发育需要。

6. 繁殖

根系有萌蘖更新、形成新的独立植株的能力。

二、根系的结构

樱桃树多采用嫁接栽培。栽培优良品种苗木，砧木为实生苗，根系为实生根系。樱桃树的根系由主根、侧根和须根组成（图 3-1）。无性繁殖的植株无主根。

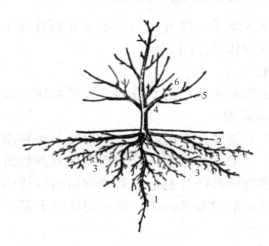

图 3-1 果树树体结构图

1—主根；2—侧根；3—须根；4—主枝；5—侧枝；6—枝组

1. 主根

由种子胚根发育而成。种子萌发时，胚根最先突破种皮，向下生长而形成的根就是主根。主根生长很快，一般垂直插入土壤，成为早期吸收水肥和固着的器官。

2. 侧根

侧根是在主根上面着生的各级较粗大的水平分枝。侧根与主根有一定角度，沿地表方向生长。侧根与主根共同承担固着、吸收及储藏营养等功能。主根和侧根统称骨干根。

3. 须根

指在侧根上形成的较细（一般直径小于 2.5 毫米）的根系。须根的先端为根毛，是直接从土壤中吸收水分和养分的器官。须根是根系的最活跃的部位。

须根按形态结构及功能分以下四类：

（1）生长根 在根系生长期间，须根上长出许多比着生部位还粗的白色、饱满的小根为生长根。生长根的功能是促进根系向新土层推进，延长和扩大根系分布范围及形成侧分枝——吸收根。

（2）吸收根　比着生的须根细的是吸收根。其长度小于 2 厘米，寿命短，一般只有 15～25 天，在未形成次生组织之前就已死亡。

吸收根的功能是从土壤中吸收水分和矿物质，并将其转化为有机物。在根系生长最好时期，数目可占植株根系的 90% 或更多。吸收根的多少与果树营养状况关系极为密切。

吸收根在生长后期由白色转为浅灰色成为过渡根，而后经一定时间自疏而死亡。

（3）过渡根　主要由吸收根转化而来，其部分可转变成输导根，部分随生长发育死亡。

（4）输导根　生长根经过一定时间生长后颜色转深，变为过渡根，再进一步发育成具有次生结构的输导根。它的功能是输导水分和营养物质，起固地作用，还具有吸收能力。

三、根系生长特性

樱桃的根系因种类、繁殖方式、土壤类型的不同有所差异。

1. 实生苗的根系

（1）中国樱桃实生苗的根系在种子萌发后有明显的主根存在，但当幼苗长到 5～10 片真叶时，主根发育减弱，由 2～3 条发育较粗的侧根代替。中国樱桃实生苗无明显主根，整个根系分布较浅。

（2）甜樱桃实生苗在第1年的前半期主要发育主根，主根发育到一定长度时发生侧根，根系分布深而比较发达。

（3）欧洲酸樱桃和库而岛山樱桃的实生苗根系比较发达，可发育3～5个粗壮的侧根。

2．无性繁殖苗木的根系

扦插、分株和压条等无性繁殖苗木的根系由茎上产生的不定根发育而成。没有主根，都是侧生根，根量比实生苗大，分布范围广，且有两层以上根系。

3．土壤条件和管理水平对根系的影响

以中国樱桃为砧木的20年生大紫，在良好的土壤和管理条件下，根系主要分布在40～60厘米的土层内，与土壤和管理条件较差的同龄树相比，根系数量几乎多1倍。

生产上应注意选择根系发达的砧木种类，同时注意选择良好的土壤条件，加强土壤管理，促进根系发育。

第三节　芽、枝、叶特性

一、芽的特性

1．樱桃的芽

樱桃的芽分为花芽和叶芽两类。甜樱桃的顶芽都是叶芽；侧芽有的是叶芽，有的是花芽。

（1）幼树或旺树上的侧芽多为叶芽，成龄树和生长中庸或偏弱枝上的侧芽多为花芽。

（2）一般中、短果枝的下部5～10个芽多为花芽，上部侧芽多为叶芽。

（3）在休眠期侧花芽呈尖卵圆形；侧生叶芽呈尖圆锥形。

（4）樱桃的花芽除着生于中果枝、短果枝和花束状果枝外，长果枝及混合枝基部6～7个发育良好的腋芽也常能形成花芽。

（5）樱桃的花芽一般没有并生的复芽，管理稍有疏忽就容易发生空膛现象，造成结果部位外移。

（6）樱桃的侧芽都是单芽（与其他核果类树种如桃、杏、李等不同之处），每一个叶腋中只着生一个芽，即腋芽单生。在修剪时，必须辨认清花芽与叶芽，短截部位的剪口芽必须留在叶芽上，才能继续保持生长力。若剪口留在花芽上，一方面果实附近无叶片提供养分影响果实发育，品质较差；另一方面该枝结果以后便枯死，形成干桩。

2. 特性

（1）早熟性　樱桃的芽具有早熟性，有的在形成当年即能萌发，使枝条在1年中出现多次生长，特别是在幼树或旺枝上，容易抽生副梢，这为人工摘心使其扩大树冠、尽早结果提供了有利条件。

（2）萌芽力较强，成枝力有所不同　樱桃的萌芽力较强，各种樱桃的成枝力有所不同。

① 中国樱桃和酸樱桃成枝力较强。甜樱桃成枝力较弱，一般在剪口下抽生3～5个中、长发育枝，其余的芽抽生短枝或叶丛枝，基部极少数的芽不萌发而变成潜伏芽（隐芽）。

② 甜樱桃的芽生长季萌芽率较高、成枝力较弱，在盛花后，当新梢长至10～15厘米时摘心，摘心部以下仅抽生1～2个中、短枝，其余的芽则抽生叶丛枝，在营养

条件较好的情况下，这些叶丛枝当年可以形成花芽。利用这一发枝习性，可通过夏季摘心来控制树冠，调整枝类组成，培养结果枝组。

（3）樱桃潜伏芽的寿命较长　中国樱桃 70～80 年生的大树，当主干或大枝受损或受到刺激后，潜伏芽可萌发枝条更新原来的大枝或主干；甜樱桃 20～30 年生大树的主枝也很容易更新。

二、枝的特性

1. 枝的分类

樱桃的枝条按其性质可分为营养枝（也称发育枝）和结果枝两类。

（1）营养枝　着生大量的叶芽，没有花芽，叶芽萌发后，抽枝展叶，制造有机养分，营养树体，扩大树冠，形成新的结果枝。

（2）结果枝　着生叶芽，主要是着生花芽，第 2 年可以开花结果。

樱桃的结果枝按其长短和特点分为混合枝、长果枝、中果枝、短果枝和花束状果枝 5 种类型。

① 混合枝　混合枝由营养枝转化而来，一般长度在20 厘米以上，仅枝条基部的 3～5 个侧芽为花芽，其他各芽均为叶芽，能发枝长叶，也能开花结果，有开花结果和扩大树冠重功能。但这种枝条上的花芽质量一般较差，坐果率也低，果实成熟晚，品质差。混合枝是初果期的主要结果枝。

② 长果枝　长果枝一般长度为 15～20 厘米，除顶芽及邻近的几个侧芽为叶芽外，其余侧芽均为花芽。结果

后，中下部光秃，只有叶芽部分继续抽生不同长度的果枝。一般长果枝在初果期的幼树上占的比例较大，进入盛果期后，长果枝的比例大大减少。

不同品种间长果枝的比例有差异，大紫、小紫等品种长果枝比例较高，坐果率也较高；雷尼、那翁、宾库等品种的长果枝比例较低。

③ 中果枝　中果枝的长度为 5～15 厘米，除顶芽为叶芽外，侧芽均为花芽。中果枝一般着生在二年生枝的中上部，数量较少，不是樱桃的主要结果枝类型。

④ 短果枝　短果枝的长度在 5 厘米左右，除顶芽为叶芽外，侧芽均为花芽，短果枝一般着生在二年生枝的中下部，数量较多，花芽质量高，坐果能力强，果实品质好，是甜樱桃结果的重要枝类。

⑤ 花束状果枝　花束状果枝的长度很短，年生长量很少，仅生长 0.3～0.5 厘米，除顶芽为叶芽外，侧芽均为花芽。花束状果枝节间极短，花芽密集簇生，开花时宛如花簇一样。这类果枝是甜樱桃进入盛果期后最主要的结果枝类型，花芽质量好，坐果率高。

花束状果枝寿命较高，一般可维持 7～10 年连续结果，管理水平较高、树体发育较好时，这类果枝连续结果的年限可维持到 20 年以上。

2. 樱桃枝条的生长发育特性

甜樱桃叶芽萌发一般比花芽晚 5～7 天，叶芽萌发后，有一短暂的新梢生长期，历时约 1 周左右，展叶 4～5 片，形成一莲座状叶片密集的短节间新梢。

进入花期以后，新梢生长极为缓慢，短果枝和花束状果枝此期即封顶，不再生长。

花期以后新梢进入旺盛的春梢生长阶段。

在甜樱桃幼旺树上，春梢生长一直延续至 6 月底至 7 月初。7 月中旬前后，秋梢开始生长。幼旺树剪口枝当年抽生新梢可达 2.5 米以上。

三、叶的特性

1. 叶的作用

叶片是进行光合作用制造有机养分的主要器官，吸收二氧化碳，制造氧气，蒸腾降温，制造激素。常绿果树的叶有储藏功能。

2. 樱桃叶片的生长发育

随着春季温度升高，樱桃萌芽后，叶片逐渐展开，同一片叶从伸出芽外至展至最大约需 7 天左右。叶片比较柔嫩，叶薄，色嫩绿至浅绿，叶肉结构尚不完善，叶绿素含量低。再经过 5～7 天的时间，叶片内部结构进一步完善，叶绿素含量增加，叶表的角质层和蜡质层也发育完善，叶片颜色变深绿而富有光泽、较厚、有弹性，功能最强，称为亮叶期或转色期。之后叶片的功能可保持较高的稳定水平直至落叶。

新梢先端 1～3 片叶转色快、叶厚而亮、弹性好，说明植株养分供应充足而均衡。

甜樱桃丰产园的叶面积指数以 2～2.6 为宜。

第四节　花芽分化

一、花芽分化概念

（1）概念　叶芽的生理和组织状态转化为花芽的生理

和组织状态。

（2）分化时期　北方果树春天开的花都是前一年形成花芽，枣除外。

二、花芽分化需要的条件

（1）温度　要求有适宜的温度范围，落叶果树花芽分化后期，需一定的低温（7.2℃）才能完成分化。

（2）光照　光是光合作用的能源，光照不足，光合速率低，树体营养水平差，花芽分化不良；光照强，光合速率高，可破坏新梢叶片合成的生长素，新梢生长受到抑制，有利于花芽分化。

（3）水分　花芽分化期适度的短期控水，可促进花芽分化（田间持水量的 50% 左右），因为能抑制新梢生长，有利于光合产物的积累，提高细胞液的营养浓度。

（4）营养　包括有机营养和矿质营养两部分。充足的营养能保证花芽分化正常进行。

三、花芽分化特点

甜樱桃花芽分化的特点是分化时间早，分化时期集中，分化速度快。

一般在果实采收后 10 天左右，花芽便大量分化，整个分化期需 40～45 天。

分化时期的早晚与果枝类型、树龄、品种等有关。花束状结果枝和短果枝比长果枝和混合枝早，成龄树比生长旺盛的幼树早，早熟品种比晚熟品种早。

在山东，甜樱桃的花芽分化一般在 6 月下旬至 7 月上中旬。

第五节　开花、坐果

一、对温度要求

樱桃对温度反应较敏感。当日平均气温达到 10℃ 左右时，花芽开始萌动（山东烟台在 3 月底至 4 月初，泰安在 3 月中下旬）；日平均温度达到 15℃ 左右时开始开花（山东烟台 4 月中旬至 4 月下旬初，泰安为 3 月底至 4 月初；辽宁大连约 4 月下旬），花期 7～14 天，长时 20 天，品种间相差 5 天。中国樱桃比甜樱桃早 25 天左右，常在花期遇到晚霜危害，严重时绝产。

在开花期要密切注意天气的变化，收听、收看天气预报，采取必要的防霜冻措施，减轻危害。

二、自花结实能力

不同樱桃种类之间自花结实能力差别大。

① 中国樱桃和酸樱桃自花授粉结实率很高，无论露地栽培还是保护地栽培，无需进行特别配置授粉品种和人工授粉，仍能达到高产的目的。

② 甜樱桃的大部分品种都存在明显的自花不实现象，若单栽一个品种或混栽几个花粉不亲和的品种，往往只开花不结实，给栽培者带来巨大损失。

在建立甜樱桃园时要特别注意搭配有亲和力的授粉品种，并进行花期放蜂或人工授粉。

第六节　果实的生长和发育

一、樱桃果实的生长发育特点

樱桃果实的生长发育期较短。中国樱桃从开花到果实成熟 40～50 天；甜樱桃早熟品种 30～40 天，中熟品种 50 天左右，晚熟品种 60 天左右。

二、甜樱桃的果实发育时期

甜樱桃的果实发育可分为以下三个时期：

1. 第一阶段

自坐果到硬核前为第一速长期，果实迅速膨大，果核增长至果实成熟时的大小，胚乳发育迅速，历时 25 天左右。

2. 第二阶段

硬核期，是核和胚的发育期，果核木质化，胚乳逐渐为胚的发育所吸收消耗，历时 10～15 天。

3. 第三阶段

自硬核到果实成熟，果实第二次迅速膨大并开始着色，历时 15 天左右，然后成熟。

樱桃果实的成熟比较一致。成熟期的果实遇雨容易裂果腐烂，要注意调节土壤湿度，防止干湿变化剧烈。成熟的果实要及时采收，防止裂果。

第七节　生命周期及其特点

一、幼树期

幼树期是指从一年苗定植之后，到最初开花结果的阶段。这一阶段，樱桃的营养生长占绝对优势，也称营养生长期。

甜樱桃生长的特点是加长加粗、生长活跃，枝条年生长量超过 100 厘米，粗度超过 1.5 厘米，分枝较少。树体中营养物质的积累迟，进入 9 月（秋季）才开始积累，大部分营养物质用于器官的建造。树体中营养物质的循环模式简单，不利于花芽形成和结果，即使形成诸多丛状短枝也不能成花。

幼树期的长短与砧木、品种、立地条件和管理措施有关。一般砧木苗幼树期需要 4～5 年，矮化或半矮化砧木苗幼树期会提前 1～2 年。

甜樱桃树在管理上应多采用刻芽和夏季多次摘心促使多发枝，增枝叶量，然后通过拉枝、扭梢和绞缢等办法抑制营养生长，促进营养积累，达到缩短营养生长期、促进花芽分化的目的。

二、初果期

初果期又称生长结果期，从开始挂果到产量稳定进入盛果期为止。

随着树龄的增长，树冠、根系不断扩大，枝量、根量成倍增长，枝的级次增高，生长开始出现分化；部分外围强枝继续旺长，中、下部枝条提前停长、分化。长枝减少，中短枝及丛状枝增多，营养生长期相对缩短，营养物质提前积累，内源激素也随之变化，为花芽分化提供了物质基础，中短枝的基部和丛状枝的周侧芽的分化开始趋于成花。但营养生长仍占优势，花量、果量都随枝量的增加而增多。

这一时期修剪和栽培管理趋于复杂，即在继续培养骨架、扩大树冠的同时，注意控制树高，抑制树势，促使及早转入盛果期。甜樱桃可采取夏季对直立旺枝扭梢、多次摘心、拧拉过旺枝和对旺长树绞缢等措施来控制树势。措施得当，5～7 年便可进入盛果期。

三、盛果期

盛果期又称结果生长期。此期生长发育明显，营养生长、果实发育和花芽分化关系协调，是经济效益最高的时期。

树冠达到最大限度，生长和结果趋于平衡，产量高且趋于稳定。发育枝的年生长量为 30～50 厘米，干周仍继续增长，结果部位布满整个树冠，并开始由内向外、自下而上转移。

修剪上应注意改善内膛光照，防止内膛枝枯死、结果部位外移。土肥水管理上通过深翻改土、增施有机肥料等方法，增强根系的活力，防止根系衰老，以便维持健壮的树势。

四、衰老更新期

随着树龄的增长，树体机能逐渐衰退。根系萎缩，树冠内膛、下部枝枯秃，生长减弱，产量和品质下降。

中国樱桃有很强的自然更新能力，当上部主枝或主干表现生长衰弱时，其基部隐芽便可发生新枝来取代衰老的枝干，自然寿命较长，百年的老树仍可株产 100～200 千克。甜樱桃的寿命较短，盛果期年限为 20 年左右，40 年生以后明显衰老。

自然情况下，如无意外灾害，甜樱桃的寿命也可长达80～100年。

第八节 对环境条件的要求

一、温度

樱桃是喜温不耐寒的果树，适于年平均气温 10～12℃的地区栽培。一年中，要求日平均气温高于 10℃的时间达到 150～200 天。气温过高地区容易引起徒长，果实品质也较差。

甜樱桃萌芽期的适宜温度为 10℃左右，开花期的适宜温度为 15℃，果实成熟期的适宜温度为 20℃。在水分充足的情况下，大樱桃是耐高温的树种，但夏季高温干旱、高温高湿对大樱桃的生长发育都不利。在高温高湿条件下，树冠郁闭，果实品质变差；高温干旱，树势变弱，落果严重，果实个头小，产量大大下降。

冬季的低温是限制樱桃向北发展的主要原因。樱桃冬季发生冻害的临界温度为－20℃左右，花蕾期发生冻害的温度为－5.5～－1.7℃，开花和幼果期发生冻害的温度为－2.8～－1.1℃。冬季保护花芽免受冻害和早春防止霜冻是保证樱桃生产的关键技术措施。

在发育早期，地温对樱桃生长发育有一定的影响，白天受阳光照射，地温容易上升，但夜晚随着气温的下降，地温也经常降到8℃以下，造成根的活动受到抑制。可于4月初在树下盖上地膜，使地温上升1℃，促进新梢生长，果实质量也有改善。

二、土壤

樱桃适宜在土壤深厚、土质疏松、通气良好的沙壤土或砾质壤土上栽培。在排水不良、黏重土壤上栽培，树体生长弱，根系分布浅，既不抗旱、抗涝，又不抗风。

适宜的土壤 pH 值为 6.0～7.5，耐碱能力较差，盐碱地不能栽培樱桃。大樱桃的根系在地下水位过高或透水性不良的土壤中生长不良。

樱桃对重茬较为敏感，老樱桃园间伐后，至少应种植3 年其他作物后才能栽植樱桃。

三、水分

甜樱桃为喜水果树，且对水分敏感，既不抗旱也不耐涝，适于年降雨量 600～800 毫米的地区生长。

土壤湿度过高，常引起枝叶徒长，不利于结果；土壤湿度过低，新梢生长受抑制，引起大量落果。

我国大樱桃的主要栽培区域分布在渤海湾的山东烟台、辽宁大连等地。这两地靠沿海，年降雨量为 600～900 毫米，空气也比较湿润，有利于樱桃的生长和发育。

四、光照

樱桃是喜光树种，大樱桃的喜光性最强。

樱桃的光饱和点为 400～600 勒克斯，光的补偿点为400 勒克斯左右。

在良好的光照条件下，大樱桃树体健壮，果枝寿命长，花芽充实，花粉发芽力强，坐果率也高，果实成熟早，品质好。

光照条件差时，树冠外围枝易徒长，冠内枝条衰弱，果枝寿命短，结果部位易外移，花芽发育不良，发芽率低，坐果少，果实成熟晚，品质也差。

建园时应选阳坡或半阳坡，栽植密度适宜，树冠各部布局合理，使其通风透光良好，光照充足。

五、风

风对樱桃栽培的影响很大，主要表现如下：

① 樱桃（特别是有些大樱桃）根系分布浅，固地性差，遇大风易被刮倒。

② 严冬大风易造成枝条抽干，花芽受冻。

③ 花期大风能吹干柱头黏液，影响昆虫授粉。

④ 夏秋季的大风造成枝折树倒，轻则树势衰弱，产量和品质下降，重则引起死树。

在有大风侵袭地区，一定要营造防风林或选择小环境良好的地段建园。

第四章 育 苗 技 术

苗木是果园建立的基础，苗木质量的好坏直接影响水果的生长情况、结果的早晚及前期产量的高低，掌握科学的育苗技术，才能培育出优良的苗木。

第一节　苗圃地的选择、规划

一、苗圃地应具备的条件

1. 地势

樱桃树一般根系较浅，容易被大风吹歪或吹倒，园址应选背风向阳的地块或山坡，并重视营造防风林；樱桃树开花早，易受霜害。要把园址选在空气流通、地形较高的地方，春季温度回升较缓慢，以推迟开花期，避开霜冻危害。

樱桃不耐涝，也不耐盐碱，要选择雨季不积水、地下水位低的地块建园，盐碱地不宜建园。平地苗圃水位宜在1～1.5米以下，地下水位过高的低地，要做好排水工作，否则不宜作苗圃地。低洼盆地易汇集冷空气，排水困难，易受涝害，不宜选作苗圃地。

2. 重茬

大樱桃苗圃忌用重茬地，种过樱桃以及桃、杏等核果类的地方不宜育樱桃苗，以免传染根癌病；一般菜园地病菌多，且大樱桃容易感染病害，也不要利用。

3. 水源

同时一定要有灌水条件，水源不要通过有根癌病的土壤，以免由水带来病菌，引起根癌病。

4. 土壤

樱桃不抗旱，根系不很发达，要选择土壤肥沃、疏松、保水性较好的沙质壤土，不宜在沙荒地和黏重土壤上建园。以 pH 值为 5.6～7 的沙质壤土最适宜。其理化性质好，适于土壤微生物的活动，对种子发芽、幼苗生长都有利，起苗也省工，伤根少。

5. 灌溉条件

种子萌芽和苗木生长需要充足的水分。幼苗生长期间根系浅，耐旱力弱，对水分要求更突出，如不能保证水分及时供应，会停止生长，甚至枯死。尤其在我国北部地区容易发生春旱，必须有充足的水源。

大樱桃对水质的要求较其他树种严格，不能用影响苗木生长的污水灌溉。

二、苗圃地的规划

苗圃地主要包括母本园、采穗区、繁殖区等。

1. 母本园

用来保存优良的种质资源，防止种性的退化、病毒的感染，作为下一级母本园或采穗圃的繁殖材料来源。

2. 采穗区

为生产上提供良种繁殖材料，如优良品种接穗、自根砧木繁殖材料等。

3. 繁殖区

根据所培育苗木种类分为实生苗培育区、自根苗培育区和嫁接苗培育区。

繁殖区必须有计划地进行轮作换茬，避免连作。

第二节 常用砧木

甜樱桃扦插不易生根，生产上采用嫁接繁殖。砧木对地上部分的生长、结果以及本身的抗病性有很大影响，选择合适的砧木非常重要。

一、用作甜樱桃的主要砧木

在我国，用作甜樱桃砧木的主要有以下几种：

1. 中国樱桃

中国樱桃通称小樱桃，是我国普遍采用的一种砧木。北自辽宁南部，南到云、贵、川各省都有分布，以山东、江苏、安徽、浙江为多。

中国樱桃为小乔木或灌木，分蘖力极强，自花结实，适应性广，耐干旱，抗瘠薄，但不抗涝，根系较浅，须根发达。中国樱桃较抗根癌病，但病毒病较严重。目前生产上常用的有以下三种：

（1）草樱桃 是山东省烟台市从中国樱桃中选育出的一种优良甜樱桃砧木。小乔木或丛状灌木，根的萌蘖力极强，易进行分株或扦插繁殖。草樱桃须根发达，适应性强，与多数甜樱桃嫁接亲和力强。嫁接植株长势健旺，丰产，高抗根癌病。适于沙壤或砾质壤土中生长，土壤黏重时嫁接部位易流胶。其根系分布浅，遇强风易倒伏。草樱桃砧木对根癌瘤有高度抗性。

草樱桃有两种：一种是大叶草樱；另一种是小叶草樱。

大叶草樱叶片小而厚，根系分布较深，须根较少，粗根多。嫁接甜樱桃后，固地性好，长势强，不易倒伏，抗逆性较强，寿命长，是甜樱桃的优良砧木。

小叶草樱叶片小而薄，分枝多，根系浅，须根多，粗根少。嫁接甜樱桃后，固地性差，长势弱，易倒伏，而且抗逆性差，寿命短，不宜采用。

（2）莱阳矮樱桃　树体矮小、紧凑，仅为普通型樱桃树冠大小的 2/3。用莱阳矮樱桃嫁接甜樱桃，亲和力强，成活率高。一年生的嫁接苗生长量比较小，有明显的矮化性能，但随树龄增加，矮化效果不明显，且有小脚现象，有的园片树龄不大就已发现有病毒病症状，能否广泛利用，尚需进一步观察。

（3）北京对樱桃　又名青肤樱、山豆子，在辽宁本溪、河北北部及山东昆嵛山区有野生分布，是辽宁旅顺、大连地区利用的主要砧木。

用实生砧嫁接甜樱桃表现亲和力强，根系发达，抗寒性强，嫁接苗生长势旺，但易感染根癌病。

2. 毛把酸

毛把酸是欧洲酸樱桃的一个品种。

种子发芽率高，根系发达，固地性强。实生苗主根粗，细根少，须根少而短，与甜樱桃亲和力强。

嫁接树生长健旺，树冠高大，属乔化砧木。特点是丰产，长寿，不易倒伏，耐寒力强；但在黏性土壤上生长不良，且易感染根癌病。

3．考脱

英国东茂林试验站推出的无性系砧木。

嫁接甜樱桃 4～5 年内，树冠大小和普通砧木无明显差别，随树龄的增长，表现出矮化效应，其生长量与马扎德实生砧木相比要矮 20％～30％。目前是欧美各国的主要甜樱桃砧木之一。

考脱砧木根系十分发达，侧根及须根生长量大，固地性强，较抗旱和耐涝。嫁接亲和力好，成活率高。缺点是不抗根癌病，在山东烟台有些地区根癌病比较严重，这和育苗时苗木带病以及土壤中有菌等因素有关。

4．马哈利樱桃

国外几十年前多用作甜樱桃的砧木，我国大连地区也有应用。特点是根系发达，耐旱，适应性强，种子出苗率高，生长健壮，有矮化作用，结果较早；但在黏土地上表现不良，嫁接亲和力较差，20 年后常表现早衰。

5．Gisela Gisela 系列甜樱桃

砧木由德国 Justus Liebig 大学育成，对甜樱桃有明显矮化作用，比传统的马扎德砧矮 20％～60％，现已在欧美国家广泛应用。刘庆忠（1999）研究表明，该系列砧木抗根癌病的能力强于 Colt 砧。

二、砧木的发展方向

① 有矮化或半矮化性状，树冠较小，便于作业。

② 能促进品种提早结果。

③ 抗病毒病、抗根癌病等。

④ 容易工厂化育苗。

第三节　砧木苗培育

一、实生砧木培育

实生砧木苗是指用砧木种子播种后长出的苗木。主要用作嫁接苗的砧木。

1. 种子采集

中国樱桃（包括山樱桃）、毛把酸、马哈利樱桃都可以用种子繁殖。

5～6 月间果实充分成熟后采收，搓去果肉，在凉水中反复搓洗，搓净粘在果核上的果肉，弃去漂浮的秕种，将沉底的种子捞出，立即进行层积处理（沙藏）。

2. 层积处理

播种前应先对砧木种子进行层积处理，以打破种子休眠，促使种子完成后熟。

① 在背阴、冷凉、不积水处挖坑。

② 将种子和湿沙按 1∶3 的比例混合。

③ 层积坑一般深 1 米左右，层积时，先整平坑底，在坑底铺一层厚约 1 厘米的湿沙，沙的含水量以手握成团、落地即散为宜，在上面放湿沙与种子的混合物。填至距离地面 20 厘米时填土；盖草保湿。坑内放一把草以保持坑内透气。

④ 第二年春天当部分种子破壳露白时，用筛子除去沙子，即进行播种。

翌年春季当地温适宜时取出，在 20℃ 以上的室内催芽，当 50％ 左右的种子露白时，便可取出播种。

⑤ 不同种类的樱桃需要的层积时间：中国樱桃需100～180 天，甜樱桃需 150 天，酸樱桃需 200～300 天，山樱桃需 180～240 天。

3. 苗圃地的准备

① 地势平坦、土质肥沃、土层深厚的地块。

② 没有作过果树苗圃的地块。

③ 每亩施有机肥 500 千克、复合肥 25 千克，撒匀后浇水。播种前 5～7 天浇 1 次透水。

④ 播种前 1～2 天翻地 20 厘米左右、做畦。做宽 1米、长 10 米左右的平畦。

4. 播种及苗期管理

（1）播种

① 播种期　分春播和秋播，春播发芽率高，栽培管理期短，是常采用的播种时期。春播在 3 月中旬至 4 月上旬，5 厘米深处土壤地温稳定在 5℃以上时进行。

② 方法　按行距 20～25 厘米开深 2～3 厘米的浅沟，沟内先浇或喷 800～1000 倍的多菌灵和 1000 倍的辛硫磷溶液（起杀菌和杀虫作用），后将种子均匀播于沟内，每亩约需种子 10 千克。沟内盖细潮土至畦面平。

（2）覆膜、除膜　播后覆盖地膜，起增温保湿作用。当大部分幼苗出土后，可将地膜除去。

（3）管理　播种后不要浇水，以免表土板结影响苗木出土。当幼苗出土后到嫩茎木质化时期，适当蹲苗，要控制灌水。幼苗发出 3～5 片真叶时，按 10～15 厘米的株距间苗、定苗和补苗。加强肥水管理和病虫害防治，促进实生苗的生长，到 8～9 月即可进行芽接。

二、自根砧培育

1. 压条和分株育苗

各类樱桃砧木在母树基部靠近地面处都能萌发出很多萌蘖苗，可以将这些苗进行压条。方法是在 6 月根际苗长到 50 厘米左右高时，在根际苗周围放射状开沟，将萌条压倒在沟内，上面培土，前面保留 30 厘米，使顶芽和叶片继续生长，压土部位可以生根。一般到翌年春季芽萌发前刨出，集中栽于苗圃地培养。

2. 扦插育苗

扦插育苗有两种：一种是硬枝扦插，即利用 1～2 年生的休眠枝在春季扦插；另一种是嫩枝扦插，是利用半木质化带叶的新梢进行扦插。对于容易生根的种类可以硬枝扦插；生根较困难的树种，硬枝扦插一般不易成功，可以进行嫩枝扦插。

第四节　苗木嫁接和接后管理

一、嫁接苗的培育

1. 接穗采集

可在萌芽前 1 个月进行，选择生长健壮、优质丰产、适应性强、无病虫害的结果枝和发育枝，以树冠外围充实粗壮的枝条最好。

采后蜡封，蜡封后按品种捆好，低温 5～8℃储藏，随用随取。

2. 嫁接时期

春季嫁接、夏季嫁接及秋季嫁接三个时期都可。

春季嫁接在 3 月下旬前后，树液开始流动时。此期多采用带木质部芽接、单芽切腹接或劈接法；夏季嫁接在 6 月下旬到 7 月上旬，时间 15～20 天，此期多采用带木质部芽接、"T"字形芽接或板片芽接；秋季嫁接通常在 9 月中下旬至 10 月上旬，采取的嫁接方法多为带木质部芽接，培育的为芽苗，即通常说的半成品苗。

3. 苗木嫁接方法

芽接时先削取芽片，再切割砧木，然后取下芽片插入砧木接口，及时绑缚。多采用"T"字形芽接法、板片芽接法、带木质部芽接法。

（1）"T"字形芽接 在接穗中段选取充实饱满的芽子。削取接芽时，在接穗芽子上端 0.4～0.5 厘米处横向切一刀，深达木质部，再在接芽的下方 1～1.5 厘米处由浅至深向上推，削到横向刀口时，深度约 0.3 厘米，剥取盾状芽片；然后在砧木距地面 5～10 厘米处选择光滑部位用芽接刀切开 1 厘米长的横口，深达木质部；接着在横口中央向下切 2 厘米长的竖口，成"T"字形；再用刀尖轻轻剥开两边的皮层，将削好的芽片插入砧木的接口内，使芽片上端与砧木横向切口紧密相接，用宽 1 厘米左右的薄的塑料薄膜绑缚严密，只露出叶柄。

接后 10～15 天，检查成活情况。凡叶柄一碰即落就是成活芽，可随即解除绑缚物，以免影响砧木继续加粗生长；凡叶柄僵硬不易脱落者就是未成活芽，要及时进行补接。

（2）板片芽接 这种方法全年均可使用。

选择粗度在 0.7 厘米以上的砧木，距地面 10 厘米处选一光滑面，从下向上轻轻削成长 2.5 厘米左右、深 2 毫米左右（以露出黄绿色皮层为度）的长椭圆形削面，切好后不要取下芽片，用拇指轻按使其暂时贴在原处。

从接芽下方 1.5 厘米处轻轻向上从接穗上削下，长度 2.5 厘米，深度 1～2 毫米左右，呈长椭圆形。

将砧木削下的芽片取下，迅速把接芽贴于砧木切口上，使二者的形成层对齐，用塑料条包严绑紧。

（3）带木质部芽接　带木质部芽接成活率较高，不受嫁接时间的限制，自春季到秋季均可进行，是繁殖甜樱桃的主要嫁接方法。

在接穗芽的上方 1～1.2 厘米处向下斜削一刀，刀口超过芽 1～1.5 厘米，再在芽的下方 0.8 厘米处横着向下 45°斜切一刀，接芽可暂时不取下。在砧木上距离地面2～3 厘米选择光滑处，按同样的方法削取一个比接芽稍长的木质芽块。

取下接穗上的接芽放到砧木的切口处，用塑料条包严绑紧。

二、嫁接后的管理

1. 剪砧

为了保证苗木的质量，一般情况下，芽接好后当年不剪砧。第 2 年春季萌芽前进行剪砧工作。在接芽上方 0.5 厘米处，剪除砧木，剪口要平滑，不要造成剪口劈裂。

2. 除萌

在接芽萌发的同时，及时去除砧木上的其他萌芽，保证接穗芽生长良好。须连续多次进行。

3. 解捆绑

当新梢萌发后要除去塑料条，可用刀片将塑料条轻轻割断。

4. 立支柱

当接芽新梢长到 20 厘米左右时，在苗木近旁插一支柱，先将接口部固定在支柱上，随着新梢的增高，分段用绳子绑缚，将新梢固定在支柱上，一般需固定 2 道以上，防被风折断。

5. 浇水、施肥

苗木根系较浅，抗旱性差，要做到小水勤浇，肥少施勤施。

6. 中耕除草

及时松土保墒，清除杂草。

7. 防治病虫害

对易发生危害的小灰象甲、叶片穿孔病和卷叶蛾、刺蛾等病虫害，及时防治。

第五节　苗　木　出　圃

一、起苗和分级

起苗时间依栽植时期而定，分为秋季和春季。秋季可于土壤结冻前进行，须调运外地的可适当提早；春季于土壤解冻后至苗木发芽前起苗。

二、苗木保管、包装、运输

秋末起苗后，在背风、向阳、高燥处挖假植沟。沟宽 50～100 厘米、沟深和沟长分别视苗高、气象条件和苗量确定。须挖两条以上假植沟时，沟间平行距离应在150厘米以上。沟底铺湿沙或湿润细土厚10厘米，苗梢朝南，按砧木类型、品种和苗级清点数量，做好明显的标志，斜立于假植沟内，填入湿沙或湿润细土，使苗的根、茎与沙、土密接。苗木无越冬冻害或无春季抽条现象的地区，苗梢露出土堆外20厘米左右；苗木有越冬冻害或有春季抽条现象的地区，苗梢应埋入土堆下10厘米。冬季多雨、雪的地区，应在沟四周挖排水沟。

苗木运输前，可用稻草、草帘、蒲包、麻袋和草绳等包裹绑牢。每包50株，包内苗根和苗茎要填充保湿材料，以不霉、不烂、不干、不冻、不受损伤为准。包内外要附有苗木标签，以便识别。用汽车运苗木，途中应有帆布篷覆盖，防雨、防冻、防干。到达目的地后，应及时接收，尽快假植或定植。

三、优质苗木的标准

合格的樱桃苗应根系完整，须根发达，粗度5毫米以上的大根6条以上，长度20厘米以上，不劈、不裂、不干缩失水，无病虫害；枝条粗壮，节间较短而均匀，芽眼饱满，不破皮掉芽，皮色光泽，具本品种典型色泽；苗高在1.2～1.5米左右；嫁接口愈合良好。

第五章　建园技术

第一节　园址选择

一、气候条件

园地的选择应根据樱桃对生态条件的要求，尽量选择适于樱桃生长发育的地方建园，做到适地适树。

① 甜樱桃喜温而不耐寒，适于年平均气温 10～12℃的地区栽培，一年中要求日平均气温高于 10℃的时间在 150～200 天。

② 甜樱桃是高需冷量果树，一般品种要求在其年生长周期中低于 7.2℃的温度时数在 1000 小时以上，低于此数值的地区不宜种植甜樱桃。

③ 有些甜樱桃品种果实发育后期遇雨易发生裂果现象，在这些地区发展时应注意选择不裂果的品种。

二、土壤条件

① 樱桃生长强健，树体高大，不耐涝，不抗盐碱，喜光性强，对土壤通气性要求高。在选择园地时，应选择地下水位低、排水良好、不易积涝的地方建园。

② 中性至微酸性丘陵坡地的沙壤土最适建园。

③ 樱桃根系呼吸强度大，对土壤中氧气浓度要求高，对土壤缺氧很敏感。土质疏松、透气性好、孔隙度大而保肥能力又强的沙质壤土最适宜。

黏土或底土为黏板层的土壤，不利于樱桃根系的生长。在这种土壤上栽培樱桃，生长不良，且容易诱发流胶病、干腐病、烂根病等，应尽量避免在这种土壤地块建园。如果在这种土壤上建园，必须提前掺沙进行土壤改良，待透气性适宜后才能栽树。

三、水源充足

樱桃根系分布相对较浅，对土壤缺水十分敏感。为保证樱桃正常生长发育和高产优质，必须选择水源充足、有水浇条件的地方建园。

第二节　园区规划

包括小区划分、道路系统、水利系统及建筑物、防护林等。

一、小区的划分

1. 划分原则

为便于作业管理，面积较大的樱桃园可划分成若干个小区。小区是组成果园的基本单位，划分应遵循以下原则：

① 在同一个小区内，土壤、气候、光照条件基本一致。

② 便于防止果园土壤侵蚀。

③ 便于果园防风害。

④ 有利于机械化作业和运输。

2. 小区的面积

平地果园可大些，以 30～50 亩为宜；低洼盐碱地以 20～30 亩为宜（排碱沟）；丘陵地区以 10～20 亩为宜；山地果园为保持小区内土壤气候条件一致，以 5～10 亩为宜。整个小区的面积占全园的 85% 左右。

3. 小区的形状

小区的形状以长方形为好，便于机械化作业。平原小区长边最好与主害风的方向垂直，丘陵或山地小区的长边应与等高线平行，这样的优点很多，如便于灌溉、运输、防水土流失、气候一致。小区的长边不宜过长，以 70～90 米为好。

二、水利系统的规划

（一）灌水系统的规划

果园的灌水系统包括蓄水、输水和灌水三个方面。

果园建立灌溉系统，要根据地形、水源、土质、蓄水、输水和园内灌溉网进行规划设计，灌溉系统包括水源（蓄水和引水）、输水和配水系统、灌溉渠道。

1. 蓄水引水

平原地区的果园需利用地下水作为灌溉水源时，在地下水位高的地方可筑坑井，地下水位低的地方可设管井。果园附近有水源的地方，可选址修建小型水库或堰塘，以便蓄水灌溉，如有河流时可规划引水灌溉。

2. 输水系统

果园的输水和配水系统包括平渠和支渠，主要作用是将水从引水渠送到灌溉渠口。设计上必须做到以下几点：

① 位置要高，便于大面积灌水。干渠的位置要高于支渠和灌溉渠。

② 要依据小区的形状，并与道路系统相结合。根据果园划分小区的布局和方向，结合道路规划，以渠与路平行为好。输水渠道距离尽量要短，以节省材料，并能减少水分的流失。输水渠道最好用混凝土或用石块砌成，在平原沙地，也可在渠道土内衬塑料薄膜，以防止渗漏。

③ 输水渠内的流速要适度，一般干渠的适宜比降在0.1%左右，支渠的比降在0.2%左右。

3. 灌水渠道

灌溉渠道紧接输水渠，将水分配到果园各小区的输水沟中。输水沟可以是明渠，也可以是暗渠。无论平地、山地，灌水渠道与小区的长边一致，输水渠道与短边一致。

山地果园设计灌溉渠道时与平原地果园不同，要结合水土保持系统，沿等高线，按照一定的比降构成明沟。明沟在等高撩壕或梯田果园中，可以排灌兼用。

有条件的果园可以将灌溉渠道设计成喷灌或滴灌。

（二）排水渠道的规划

排水系统的作用是防止发生涝灾，促进土壤中养分的分解和根系的吸收等。排水技术有平地排水、山地排水、暗沟排水三种。

1. 平地排水

平地樱桃园排水系统由排水沟、排水支沟和排水干沟3部分组成。一般可每隔2～4行树挖一条排水沟，沟深50～100厘米，再挖比较宽、深的排水支沟和干沟，以利果园雨季及时排水。

2. 山地排水

靠梯田壁挖深 35 厘米左右的排水沟，沟内每隔 5～6 米修一个长 1 米左右的拦水土埂，其高度比梯田面低 10 厘米左右。在其出水口处，挖长 1 米，深、宽各 60 厘米的沉淤坑，再在其上面修个石沿，称"水簸箕"，以免排水时冲坏地堰。

3. 暗沟排水

排水在解涝地的地面以下，用石砌或用水泥管构筑暗沟，以利排除地下水，保护果树免受涝害。

三、道路的规划

分主路、干路和支路。主路应贯穿全园，并与园外的交通线相连，便于果品和肥料运输。主路宽 6～8 米，能对开运输车；干路与主路相通，围绕小区，作为小区的分界线，路宽 4～6 米，能单向开主要运输工具；支路在小区内，作为作业道，过次要交通工具。

四、果园建筑物的设计

包括管理用房、车库、药库、农具库、包装场、果库，应设在交通方便的地方，占整个园区面积的 3%。

五、防护林的设计

（一）防护林的作用

① 降低风速，减少风害。

② 减轻霜害、冻害，提高坐果率。在易发生果树冻害的地区设置防护林可明显减轻寒风对果树的威胁，降低旱害和冻害，减少落花落果，有利于果树授粉。

③ 调节温度，增加湿度。据调查，林带保护范围比旷野平均提高气温 0.3～0.6℃，湿度提高 2%～5%。

④ 减少地表径流，防止水土流失。

（二）防护林带的结构

防护林带可分疏透型林带和紧密型林带两种类型。

1. 疏透型林带

由乔木组成，或两侧栽少量灌木，使乔灌木之间有一定空隙，允许部分气流从中下部通过。大风经过疏透型林带后，风速降低，防风范围较宽，是果园常用类型。

2. 紧密型林带

由乔灌木混合组成，中部为 4～8 行乔木，两侧或在乔木下部，配栽 2～4 行灌木。林带长成后，上下左右枝叶密集，防护效果明显，但防护范围较窄。

（三）防护林树种的选择

应满足以下条件：

① 生长迅速，树体高大，枝叶繁茂，防风效果好。灌木要求枝多叶密。

② 适应性强，抗逆性强。

③ 与果树无共同病虫害，不是果树病害的寄主，根蘖少，不串根。

④ 具有一定的经济价值。

平原地区可选用臭椿、苦楝、白蜡条、紫穗槐等，山地可选用麻栗、紫穗槐、花椒、皂角等。

（四）防护林营造

1. 林带间距、宽度

林带间的距离与林带长度、高度和宽度及当地最大风速有关。风速越大，林带间距离越短；防护林越长，防护的范围越大。一般果园防护林带背风面的有效防风距离约为林带树高的 25～30 倍，向风面为 10～20 倍。主林带之间的距离一般为 300～400 米，副林带之间的距离为 500～800 米；主林带宽一般 10～20 米，副林带宽一般 6～10 米。风大或气温较低的地区，林带宽一些、间距小一些。

2. 林带配置和营造

山地果园主林带应规划在山顶、山脊以及山亚风口处，与主要危害风的方向垂直。副林带与主林带垂直构成网络状。副林带常设置于道路或排灌渠两旁。

平地果园的主林带也要与主要危害风的风向垂直，副林带与主林带相垂直，主副林带构成林网。平地果园的主、副林带基本上与道路和水渠并列相伴设置。平地防护林系统为由主、副林带构成的林网，一般为长方形，主林带为长边，副林带为短边。在防护林带靠果树一侧，应开挖至少深 100 厘米的沟，以防其根系串入果园影响果树生长。这条防护沟也可与排、灌沟渠的规划结合。

第三节　栽　植　技　术

一、授粉树配置

甜樱桃多数品种自花结实率很低，需要配置授粉品种；即使是自花结实率较高的品种，配置授粉品种也可提高结实率，增加产量，改善品质。

1. 配置授粉品种要求

① 授粉品种与主栽品种的授粉亲和力要强，花期要与主栽品种一致。

② 要注意授粉品种的丰产性、适应性和商品性等。

③ 授粉品种不宜单一，一般以 3 个以上品种互相授粉较理想。

2. 授粉树的配置方式

① 授粉树的比例最低不应少于 30%。櫻桃园面积较小时，授粉树要占 40%～50%。

② 平地果园可隔 2～3 行主栽品种栽植 1 行授粉品种；面积小的果园，可隔行栽植；山地丘陵梯田果园可在行内每隔 3～4 株主栽品种栽 1 株授粉品种；授粉品种较少的可中心式栽植，即中间栽一株授粉品种，周围栽 8～12 株主栽品种。

目前生产中常采取的方法是 2 个或 3 个品种等量栽植，这样授粉受精效果比较好。

主栽品种与授粉品种间的组合见表 5-1。

表 5-1　甜樱桃的授粉组合

主栽品种	授　粉　品　种
先锋	那翁、宾库、拉宾斯
芝罘红	大紫、那翁、宾库、红灯
红灯	红艳、红蜜、大紫、宾库
拉宾斯	大紫、宾库、雷尼、先锋
宾库	大紫、雷尼、先锋、红灯
早红宝石	抉择、极佳、维卡、红灯、先锋
抉择	极佳、早红宝石、维卡、红灯、先锋、拉宾斯
维卡	极佳、早红宝石、抉择、红灯、先锋、拉宾斯

二、栽植密度

櫻桃的栽植密度因种类、品种、砧木、土壤、肥水条件、整形方式而异。原则上生长势强，乔砧，肥水充足，管理水平高，采用大冠形整枝方式的栽植密度宜小些；反之宜大些。目前生产上常用的栽植密度见表 5-2。

表 5-2　甜、酸樱桃一般栽植密度

品　　种	山丘地				平原或沙滩地			
	瘠薄土壤		深厚土壤		肥力中等		土壤肥沃	
	株行距/（米×米）	株/公顷	株行距/（米×米）	株/公顷	株行距/（米×米）	株/公顷	株行距/（米×米）	株/公顷
那翁	4×5	500	5×6	333	5×6	333	6×7	238
大紫	5×5	400	5×6	333	6×7	238	6×7	238
宾库、小紫、鸡心	2×3	1666	3×5	666	4×5	500	5×6	333
酸樱桃	2×3	1666	3×5	666	4×5	500	5×6	333

三、栽植时期

樱桃的栽植有两个时期，即秋季落叶后至土壤封冻前和春季土壤解冻至萌芽前后。

在温暖湿润的南方，秋栽比春栽好。秋栽宜于落叶以后、封冻前进行，以 10 月底至 11 月上旬为宜。北方稍温暖地区一般采用秋季定植，此时定植，根的伤口愈合早，过冬地温升高后，根系可早日恢复活动，新根生长也早，成活率高。

在冬季低温、干旱和多风的北方和沿海地区，秋栽的树若越冬保护不当或土壤沉实不好，容易抽干影响成活，最好春栽。春栽一般在土壤解冻以后、萌芽以前进行，华北在 3 月上中旬。

四、栽植方式

栽植方式应根据建园的地形而定。

1. 平原地和沙滩地

宜采用行距大于株距的长方形方式。这种栽植方式光照条件好，行间通风，利于生长和结果，果实品质高；定植樱桃树后的前 1～3 年，可以种一些间作作物，行间较宽利于间作物的生长，以后也可间作绿肥，便于田间操作和病虫害防治。株距较小利于发挥园片群体的防护作用，增强抗风能力。

2. 山地

多采用等高撩壕和梯田栽植。窄面梯田可栽 1 行，在梯田外沿土层厚处栽植；宽面梯田根据田面宽度可栽多行，采用三角形方式栽植。

五、栽植方法

1. 栽植前的准备

定点挖坑。

2. 栽植方法

（1）高垄栽植　樱桃特别怕涝，在华北地区降雨集中在 7～8 月，为防止内涝，利于排水，并保证根系土壤通气，可用推土机推出垄和沟，或用拖拉机开深沟，再人工整地，形成 2～3 米宽的垄，垄比沟高 20～30 厘米，将树种在垄的中央。这种方法有利于排涝，保证根系处不积水，有利于幼树的生长。

（2）挖定植坑　在栽植前定植坑，坑的长、宽、深可各挖 60 厘米，把表土和心土分开，表土混入有机肥，填入坑中，然后取表土填平，浇水沉实。腐熟好的有机肥 2.5～5 千克/株，少用或不用化肥，以免产生肥害。

将苗木放进挖好的栽植坑前，先将混好肥料的表土填一半进坑内，堆成丘状，将苗木放入坑内，使根系均匀舒展地分布于表土与肥料混堆的丘上，校正栽植的位置，使株行之间尽可能整齐对正，并使苗木主干保持垂直。然后将另一半混肥的表土分层填入坑中，每填一层都要压实，并不时将苗木轻轻上下提动，使根系与土壤密接，最后将心土填入坑内上层。在进行深耕并施用有机肥改土的果园，最后培土应高于原地面5～10厘米，且根颈应高于培土面5厘米，以保证松土踏实下陷后，根颈仍高于地面。最后在苗木树盘四周筑一环形土埂，并立即灌水。

（3）地膜覆盖　北方地区常春季干旱，要起垄栽植，而后在树苗两边铺两条地膜，两边用土压好，以保墒、提高低温。

3. 栽后管理

（1）浇透水　歪苗扶正。

（2）立即定干　根据整形要求进行。

（3）套塑料袋　保成活，防虫害。

（4）成活率调查　发现有死亡株，应及时补栽。

（5）防治病虫害　及时除萌。减少养分损失。抹除同一节位上过多的芽。

（6）追肥灌水　成活展叶后，干旱时要浇水。6月下旬至7月上旬要追氮肥。8～9月份控制生长（控制浇水、摘心），提高越冬性。

（7）幼树防寒　埋土防寒或采取夹风障、在主干捆草把等防寒措施。

第六章　樱桃树的营养与土、肥、水管理技术

樱桃树在每年的生长发育和大量结果过程中，根系必须不断地从土壤中吸收各种养分和水分，充分供应果树正常生长和结果的需要。土壤环境条件的好坏，特别是水、肥、气、热的协调情况，直接影响根系的生长和吸收，影响果树的生长和结果状况，要达到树体健壮、丰产稳产、果实优质的目的，必须加强土肥水管理。樱桃是浅根性果树，大部分根系分布在土壤表层，对环境条件适应能力较差，对土、肥、水要求较高。

第一节　樱桃树的营养元素

近年来，随着果品价格的提高，果农收入大幅度增加，为了进一步提高果实的产量和品质，肥料投入越来越大，但效果却不理想，甚至出现各种问题，如产量上不去、黄叶、干枝、果面粗糙、死树等问题，要让果农掌握科学施肥方法和技术，提高肥料的利用效果，减少肥料投入和浪费，需从果树的需求营养特点讲起。

一、樱桃树正常生长需要的营养元素

在果树的整个生长期内所必需的营养元素共有 16 种，

分别为碳（C）、氢（H）、氧（O）、氮（N）、磷（P）、钾（K）、钙（Ca）、镁（Mg）、硫（S）、铁（Fe）、锰（Mn）、锌（Zn）、铜（Cu）、钼（Mo）、硼（B）、氯（Cl）。这16种必需的营养元素根据果树吸收和利用的多少，又可分为大量营养元素、中量营养元素、微量营养元素。

1. 大量营养元素

它们在植物体内含量为植物干重的百分之几以上，包括碳（C）、氢（H）、氧（O）、氮（N）、磷（P）、钾（K）共6种。

2. 中量营养元素

有钙（Ca）、镁（Mg）、硫（S）共3种，它们在植物体内含量为植物干重的千分之几。

3. 微量营养元素

有铁（Fe）、锰（Mn）、锌（Zn）、铜（Cu）、钼（Mo）、硼（B）、氯（Cl）共7种。它们在植物体内含量很少，一般只占干重的万分之几到千分之几。

通过多年的科学研究证明，上述16种营养元素是所有果树在正常生长和结果过程中所必需的。每种营养元素都有独特的作用，尽管果树对不同的营养元素吸收量有多有少，但缺一不可，不可相互替代，同时各种元素之间互相联系、相互制约，缺少任何一种营养成分会造成其他营养的吸收困难，造成果树缺素和肥料浪费。

二、各种营养元素对果树的生理作用

1. 大量元素对果树的生理作用

（1）氢（H）元素和氧（O）元素　这两种元素必须

结合在一起才能对果树起到营养作用，也就是水。水是果树最重要的营养肥料，吸收和利用最多。

① 光合作用的原料。

② 果实和树体最重要的组成成分。

③ 蒸腾降温。

④ 运送营养的载体。

⑤ 参与各种代谢活动。

（2）碳（C）元素　是光合作用的原料，和水结合在太阳光能的作用下，在果树叶片内形成葡萄糖，然后转化为各种营养成分，如蛋白质、维生素、纤维素等。

（3）氮（N）元素　是果树的主要营养元素，含量百分之几或更高，同时也是原始土壤中不存在但影响果树生长和形成产量的最重要的要素之一。

① 氮是植物体内蛋白质、核酸以及叶绿素的重要组成部分，也是植物体内多种酶的组成部分。同时植物体内的一些维生素和生物碱中都含有氮。

② 氮在植物体内的分布，一般集中于生命活动最活跃的部分（新叶、新枝、花、果实），能促进枝叶浓绿，生长旺盛。氮供应充分与否和植物氮素营养的好坏，在很大程度上影响着植物的生长发育状况。果树发育的早期阶段，氮需要多，在这些阶段保证正常的氮营养，能促进生育，增加产量。

③ 果树具有吸收同化无机氮化物的能力。除存在于土壤中的少量可溶性含氮有机物，如尿素、氨基酸、酰胺等外，果树从土壤中吸收的氮主要是铵盐和硝酸盐，即铵态氮和硝态氮。

④ 果树对氮的吸收，在很大程度上依赖于光合作用

的强度，施氮肥的效果往往在晴天较好，因为吸收快。

⑤ 氮缺乏时植株生长停顿，老叶片黄化脱落，但施用过量，容易徒长，妨碍花芽形成和开花。

（4）磷（P）元素

① 磷在果树中的含量仅次于氮和钾。磷对果树营养有重要的作用。

② 磷在果树内参与光合作用、呼吸作用、能量储存和传递、细胞分裂、细胞增大等过程。

③ 磷能促进早期根系的形成和生长，提高果树适应外界环境条件的能力，有助于果树耐过冬天的严寒。

④ 磷能提高果实的品质。

⑤ 磷有助于增强果树的抗病性。

⑥ 磷有促熟作用，对果实品质很重要。

（5）钾（K）元素 钾是果树的主要营养元素，也是土壤中常因供应不足而影响果实产量的三要素之一。

钾对果树的生长发育也有重要作用，但它不像氮、磷一样直接参与构成生物大分子。它的主要作用是在适量的钾存在时，植物的酶才能充分发挥作用。

① 钾能够促进光合作用。有资料表明，含钾高的叶片比含钾低的叶片多转化光 $50\% \sim 70\%$。在光照不好的条件下，钾肥的效果更显著。钾还能够促进碳水化合物的代谢，促进氮素的代谢，使果树有效利用水分和提高果树的抗性。

② 钾能促进纤维素和木质素的合成，使树体粗壮。

③ 钾充足时，果树抗病能力增强。

④ 钾能提高果树对干旱、低温、盐害等不良环境的耐受力。

土壤缺乏钾时，首先从老叶的尖端和边缘开始发黄，并渐次枯萎，叶面出现小斑点，进而干枯或呈焦枯状，最后叶脉之间的叶肉也干枯，并在叶面出现褐色斑点和斑块。

2. 中量元素对果树的生理作用

（1）钙（Ga）元素

① 钙是构成植物细胞壁和细胞质膜的重要组分，参与蛋白质的合成，还是某些酶的活化剂，能防止细胞液外渗。

② 钙能提高果树的耐储藏能力。

③ 钙能抑制真菌侵袭，降低病害感染。

④ 钙能降低土壤中某些离子的毒害。

果树缺钙时，树体矮小，根系发育不良，茎和叶及根尖的分生组织受损。严重缺钙时，幼叶卷曲，新叶抽出困难，叶尖之间发生粘连现象，叶尖和叶缘发黄或焦枯坏死，根尖细胞腐烂死亡。

（2）镁（Mg）元素　镁是叶绿素的重要组成部分，是各种酶的基本要素，参与果树的新陈代谢过程。镁供应不足，叶绿素难以生成，叶片就会失去绿色而变黄，光合作用就不会进行，果实产量减少。

果树缺镁时，首先表现在老叶上，开始时叶的尖端和叶缘的脉尖色泽退淡，由淡绿变黄再变紫，随后向叶基部和中央扩展，但叶脉仍保持绿色，在叶片上形成清晰的网状脉纹；严重时叶片枯萎、脱落。

（3）硫（S）元素　硫是蛋白质的组成成分。在一些酶中也含有硫，如脂肪酶、脲酶都是含硫的酶；硫参与果树体内的氧化还原过程；硫对叶绿素的形成有一定的影响。

果树缺硫时，与缺氮时的症状相似，变黄比较明显。一般症状是树体矮小，叶细小，叶片向上卷曲，变硬易碎，提早脱落，开花迟，结果、结荚少。

3. 微量元素对果树的生理作用

（1）铁（Fe）元素

① 铁是形成叶绿素所必需的。

② 铁参加细胞的呼吸作用，在细胞呼吸过程中，它是一些酶的成分。

铁在果树树体中流动性很小，老叶中的铁不能向新生组织中转移，不能被再度利用。因此缺铁时，下部叶片常能保持绿色，而嫩叶上呈现失绿症，叶片呈淡黄色，甚至为白色。

（2）锰（Mn）元素

① 锰是多种酶的成分和活化剂，能促进碳水化合物的代谢和氮的代谢，与果树生长发育和产量有密切关系。

② 锰与绿色植物的光合作用、呼吸作用以及硝酸还原作用都有密切的关系。

③ 锰能加速萌发和成熟，增加磷和钙的有效性。

缺锰时，植物光合作用明显受抑制。首先出现在幼叶上，表现为叶脉间黄化，有时出现一系列的黑褐色斑点。

（3）锌（Zn）元素

① 锌能提高植物光合速率。

② 锌可以促进氮的代谢，是影响蛋白质合成最为突出的微量元素。

③ 锌能提高果树抗病能力。

缺锌时，除叶片失绿外，在枝条尖端常出现小叶和簇生现象，称为"小叶病"。严重时枝条死亡，产量下降。

（4）铜（Cu）元素

① 铜是作物体内多种氧化酶的组成成分，在氧化还原反应中铜有重要作用。

② 铜参与植物的呼吸作用，影响果树对铁的利用。在叶绿体中含有较多的铜，铜与叶绿素形成有关。铜还具有提高叶绿素稳定性的能力，避免叶绿素过早遭受破坏，有利于叶片更好地进行光合作用。

③ 铜能增强果树的光合作用。

④ 铜有利于果树的生长和发育。

⑤ 铜能增强抗病能力（波尔多液）。

⑥ 铜能提高果树的抗旱和抗寒能力。

缺铜时，叶绿素减少，叶片出现失绿现象，幼叶的叶尖因缺绿而黄化并干枯，最后叶片脱落。缺铜也会使繁殖器官的发育受到破坏。

（5）钼（Mo）

① 促进生物固氮。

② 促进氮素代谢。

③ 增强光合作用。

④ 有利于糖类的形成与转化。

⑤ 增强抗旱、抗寒、抗病能力。

⑥ 促进根系发育。

缺钼时，果树矮小，生长受抑制，叶片失绿、枯萎以致坏死。

（6）硼（B）元素

① 促进花粉萌发和花粉管生长，提高坐果率和果实正常发育。

② 硼能促进碳水化合物的正常运转和蛋白质代谢。

③ 硼能增强果树抗逆性。

④ 硼有利于根系生长发育。

在植物体内含硼量最高的部位是花，缺硼常表现为结果率低、果实畸形、果肉有木栓化或干枯现象。

（7） 氯（Cl）元素

① 适当的氯能促进 K^+ 和 NH_4^+ 的吸收。

② 氯参与光合作用中水的光解反应，起辅助作用，使光合磷酸化作用增强。

③ 氯对果树生长有促进作用。

第二节　樱桃园土壤管理技术

一、不同类型土壤的特点

土壤是由不同粒径的土粒组成。土粒分为砂粒、粉粒、黏粒，见表6-1。

表 6-1　中国制土粒分级标准

粒级名称		粒径/毫米
砂粒	粗砂粒	0.25～1.00
	细砂粒	0.05～0.25
粉粒	粗粉粒	0.01～0.05
	中粉粒	0.005～0.01
	细粉粒	0.002～0.005
黏粒	粗黏粒	0.001～0.002
	细黏粒	<0.001

土壤分为沙土、壤土、黏土，见表6-2。

表 6-2 中国土壤质地分类　　　　单位：%

质地组	质地名称	颗 粒 组 成		
		砂粒 （0.05～1 毫米）	粗粉粒 （0.01～0.05 毫米）	细黏粒 （<0.001 毫米）
沙土	极重沙土	＞80		<30
	重沙土	70～80		
	中沙土	60～70		
	轻沙土	50～60		
壤土	砂粉土	≥20	≥40	<30
	粉土	<20		
	砂壤土	≥20	<40	
	壤土	<20		
黏土	轻黏土			30～35
	中黏土			35～40
	重黏土			40～60
	极重黏土			＞60

不同质地土壤的肥力特点如下。

1. 沙质土

（1）沙质土含砂粒多，黏粒少，粒间多为大孔隙，但缺乏毛管孔隙，所以透水排水快，但土壤持水量小，蓄水抗旱能力差。

（2）沙质土中主要矿物为石英，养分贫乏，又因缺少黏土矿物，保肥能力弱，养分易流失。

（3）沙质土通气性良好，好氧微生物活动强烈，有机质分解快，因而有机质的积累难而含量较低。

（4）沙质土水少气多，土温变幅大，昼夜温差大，早春土温上升快，称热性土。沙质土夏天最高温可达 60℃以上，过高的土表温度不仅直接灼伤植物，也造成干热的近地层小气候，加剧土壤和植物的失水。

（5）沙质土疏松，易耕作，但耕作质量差。

（6）对沙质土施肥时应多施未腐熟的有机肥，化肥施用则宜少量多次。在水分管理上，要注意保证水源供应，及时进行小定额灌溉，防止漏水漏肥，并采用土表覆盖以减少水分蒸发。

2. 黏质土

（1）黏质土含砂粒少，黏粒多，毛管孔隙发达，大孔隙少，土壤透水通气性差，排水不良，不耐涝。虽然土壤持水量大，但水分损失快，耐旱能力差。

（2）通气性差，有机质分解缓慢，腐殖质积累较多。

（3）黏质土含矿物质养分较丰富，土壤保肥能力强，养分不易淋失，肥效来得慢、平稳而持久。

（4）黏质土土温变幅小，早春土温上升缓慢，有冷性土之称。

（5）黏质土往往黏结成大土块，犁耕时阻力大，土壤胀缩性强，干时田面开大裂、深裂，易扯伤根系。

（6）施肥时应施用腐熟的有机肥，化肥一次用量可比沙质土多。在雨水多的季节要注意沟道通畅以排除积水，夏季伏旱注意及时灌溉。

3. 壤质土

（1）壤质土所含砂粒、黏粒比例较适宜，它具有沙质土的良好通透性和耕性的优点，且由于黏土对水分、养分的保蓄性，具有肥效稳而长等优点。

（2）壤质土对农业生产来说一般较为理想。不过，以粗粉粒占优势（60%～80%以上）而又缺乏有机质的壤质土，不利于树苗扎根和发育。

二、优质丰产樱桃园对土壤的要求

土壤是樱桃树的重要生态环境条件之一，土壤的理化性状与管理水平，与果树的生长发育、结果密切相关。

1. 樱桃园土壤管理的目的

（1）扩大根域土壤范围和深度，为果树生长创造良好的土壤生态环境。

（2）供给并调控果树从土壤中吸收水分和各种营养物质。

（3）增加土壤有机质和养分，增强地力。

（4）疏松土壤，使土壤透气性良好，以利于根系生长。

（5）搞好水土保持，为樱桃树丰产优质打基础。

2. 优质高效樱桃园需要的土壤条件要求

要求土层深厚，土壤固、液、气三相比例适当，质地疏松，温度适宜，酸碱度适中，有效养分含量高。生产中应根据樱桃树生长的需要进行土壤改良，为根系生长创造理想的根际土壤环境。

（1）具有一定厚度（60厘米以上）的活土层　果树根系集中分布层的范围越广，抵抗不良环境、供应地上部营养的能力就越强，为达到优质、丰产的目的，应为根系创造最适生态层，土壤应具有一定厚度（60厘米以上）的活土层。

（2）土壤有机质含量高　高产樱桃果园土壤要求有机质含量高，团粒结构良好。有机质经土壤微生物分解后能不断释放果树需要的各种营养元素供应果树所需；有机质能加速微生物繁殖，加快土壤熟化，维持土壤的良好结构；有机质被微生物分解后部分转变成腐殖质，成为形成团粒结构的核心，大量的营养元素吸附在其表面，肥力持久。优质高产园土壤有机质含量至少要达到 1‰ 以上。

（3）土壤疏松，透气性强，排水性好 果树根系的呼吸、生长及其他生理活动都要求土壤中有足够的氧气，土壤缺氧时树体的正常呼吸及生理活动受阻，生长停止。优质丰产果园应土壤疏松、透气、排水性好，以保证根系正常生理活动。

三、果园土壤改良方法

建在山地、丘陵、砂砾滩地、盐碱地的果园，土壤瘠薄，结构不良，有机质含量低，土质偏酸或偏碱，对果树生长不利，必须在栽植前后至幼树期对土壤进行改良，改善、协调土壤的水、肥、气、热条件，提高土壤肥力。

1. 适度深翻

对土壤厚度不足 50 厘米，下层为未风化层的瘠薄山地，或 30～40 厘米以下有不透水黏土层的沙地或河滩地，应重视果园的土壤改良。

（1）深翻时期 根据果树根系的生长物候期的变化，春、夏、秋三季，都是根系的生长高峰时期，深翻伤根后伤口可愈合并能迅速恢复生长。不同时期深翻，效果不同。

① 春季深翻 土壤刚刚解冻，土质松软，春季果树需水多，伤根太多会造成树体失水，影响春天果树开花和新梢生长。

② 夏季深翻 夏季高温，根系生长快，雨量多，深翻后伤根愈合快。夏季深翻可结合压绿肥，减慢新梢生长

速度，深翻效果好。

③ 秋季深翻　一般在 9 月中旬开始，入冬前结束。

（2）深翻方法　生产上常用的深翻方法有深翻扩穴和隔行深翻等，深翻深度 40～60 厘米，深翻沟要在距树干 1 米以外，以免伤大根。深翻时，表土、心土要分开堆放。回填时先在沟内埋有机物如作物秸秆等，把表土与有机肥混匀先填入沟内，心土撒开。每次深翻沟要与以前的沟衔接，不留隔离带。

（3）深翻注意事项

① 切忌伤根过多，以免影响地上部生长。深翻中应特别注意不要切断 1 厘米以上的大根。

② 深翻结合施有机肥，效果好。

③ 随翻随填，及时浇水，根系不能暴露太久。干旱时期不能深翻。排水不良的果园，深翻后及时打通排水沟，以免积水引起烂根。地下水位高的果园，主要是培土而不是深翻。更重要的是深挖排水沟。

④ 做到心土、表土互换，以利心土风化、熟化。

2. 培土（压土）与掺沙

（1）作用　培土、掺沙能增厚土层、保护根系、增加养分、改良土壤结构。

（2）培土的方法　把土块均匀分布全园，经晾晒打碎，通过耕作把所培的土与原来的土壤逐步混合。

（3）压土与掺沙时期　北方寒冷地区一般在晚秋初冬进行，可起保温防冻、积雪保墒的作用。压土掺沙经冬季土壤熟化，对次年果树的生长发育有利。

（4）注意事项　压土厚度要适宜，过薄起不到压土的作用，过厚对果树发育不利，"沙压黏"或"黏压沙"时要薄一些，一般厚度为 5～10 厘米。压半风化石块可厚些，但不要超过 15 厘米，连续多年压土，土层过厚会抑制果树根系呼吸，影响果树生长和发育，造成根颈腐烂，树势衰弱。在果园压土或放淤时，为防止接穗生根或对根系的不良影响，应扒土露出根颈。

3. 增施有机肥料

（1）有机肥料特点　所含营养元素比较全面，除含主要元素外，还含有微量元素和许多生理活性物质，包括激素、维生素、氨基酸、葡萄糖、DNA、RNA、酶等，也称完全肥料。多数有机肥料需要通过微生物的分解释放才能被果树根系所吸收，所以又称迟效性肥料，多作基肥使用。

（2）种类　常用的有机肥料有厩肥、堆肥、禽粪、鱼肥、饼肥、人粪尿、土杂肥、绿肥等。

（3）作用

① 有机肥料能供给植物所需要的营养元素和某些生理活性物质，还能增加土壤的腐殖质。

② 有机肥中的有机胶质可改良沙土，增加土壤的孔隙度，改良黏土的结构，提高土壤保水保肥能力，缓冲土壤的酸碱度，改善土壤的水、肥、气、热状况。

③ 施用有机肥后，分解缓慢，整个生长期间都可持续不断发挥肥效；土壤溶液浓度没有忽高忽低的急剧变化。

④ 可缓和施用化肥后引起土壤板结、元素流失、使磷及钾变为不可给态等的不良反应，提高化肥的肥效。

四、果园主要土类的改良

1. 山地红黄壤果园改良

（1）特点

① 红黄壤广泛分布于我国长江以南丘陵山区。该地区高温多雨，有机质分解快，易淋洗流失，而铁、铝等元素易于积累，使土壤呈酸性反应，同时有效磷的活性降低。

② 由于风化作用强烈，土粒细，土壤结构不良，水分过多时，土粒吸水成糊状。

③ 干旱时水分容易蒸发散失，土块又易紧实坚硬。

（2）改善红黄壤的理化性状的措施

① 做好水土保持工作　红黄壤结构不良，水稳性差，抗冲刷力弱，应做好梯田、撩壕等水土保持工作。

② 增施有机肥料　红黄壤土质瘠薄，缺乏有机质，土壤结构不良。增加有机肥料是改良土壤的根本性措施，如增施厩肥、大力种植绿肥等。

③ 施用磷肥和石灰　红黄壤中的磷素含量低，有机磷更缺乏，增施磷肥效果良好。在红黄壤中各种磷肥都可施用，但目前多用微酸性的钙镁磷肥。

红黄壤施用石灰可以中和土壤酸度，改善土壤理化性状。加强有益微生物活动，促进有机质分解，增加土壤中速效养分，施用量为每亩约 $50\sim75$ 千克。

2. 盐碱地果园土壤改良

（1）特点

① 土壤的酸碱度可影响果树根系生长，樱桃要求中性到微酸性土壤。

② 土壤中盐类含量过高，对樱桃树有害，一般硫酸盐不能超过 0.3%。樱桃耐盐能力较差。

③ 在盐碱地果树根系生长不良，易发生缺素症，树体易早衰，产量也低。

（2）改良措施 在盐碱地栽植果树必须进行土壤改良，措施如下：

① 设置排灌系统 改良盐碱地主要措施之一是引淡洗盐。在果园顺行间隔 20～40 米左右挖一道排水沟，一般沟深 1 米，上宽 1.5 米，底宽 0.5～1.0 米左右。排水沟与较大较深的排水支渠及排水干渠相连，使盐碱能排到园外。园内定期引淡水进行灌溉，达到灌水洗盐的目的。达到要求含盐量（0.1％）后，应注意生长期灌水压碱、中耕、覆盖、排水，防盐碱上升。

② 深耕施有机肥 有机肥料除含果树所需要的营养物质外，还含有机酸，对碱能起中和作用。有机质可改良土壤理化性状，促进团粒结构的形成，提高土壤肥力，减少蒸发，防止返碱。天津清河农场经验，深耕 30 厘米，施大量有机肥，可缓冲盐害。

③ 地面覆盖 地面铺沙、盖草或其他物质，可防止盐上升。山西文水葡萄园干旱季节在盐碱地上铺 10～15 厘米沙，可防止盐碱上升和起到保墒的作用。

④ 营造防护林和种植绿色作物 防护林可以降低风速，减少地面蒸发，防止土壤返碱。种植绿色植物，除增加土壤有机质、改善土壤理化性质外，绿肥的枝叶覆盖地面，可减少土壤蒸发，抑制盐碱上升。

⑤ 中耕除草 中耕可锄去杂草，疏松表土，提高土壤通透性，又可切断土壤毛细管，减少土壤水分蒸发，防止盐碱上升。施用石膏等对碱性土的改良也有一定作用。

3. 沙荒及荒漠土果园改良

我国黄河中下游的泛滥平原，最典型的为黄河故道地区的沙荒地。

（1）特点

① 其组成物主要是沙粒，沙粒的主要成分为石英，矿物质养分稀少，有机质极其缺乏。

② 导热快，夏季比其他土壤温度高，冬季又比其他土壤冻结厚。

③ 地下水位高，易引起涝害。

（2）改土措施

① 开排水沟降低地下水位，洗盐排碱。

② 培泥或破淤泥层。

③ 深翻熟化；增施有机肥或种植绿肥。

④ 营造防护林。

⑤ 有条件的地方试用土壤结构改良剂。

五、幼龄果园土壤管理制度

1. 幼树树盘管理

幼树树盘即树冠投影范围。

树盘内的土壤可以采用清耕或清耕覆盖法管理。耕作深度以不伤根系为限。有条件的地区，可用各种有机物覆盖树盘。覆盖物的厚度一般在 10 厘米左右。如用厩肥、稻草或泥炭覆盖还可薄一些。

夏季给果树树盘覆盖，降低地温的效果较好。

沙滩地树盘培土，既能保墒又能改良土壤结构，减少根系冻害。

2. 果园间作

幼龄果园行间空地较多可间作。

（1）好处

① 果园间作可形成生物群体，群体间可相互依存，

还可改善微域气候，有利于幼树生长，并可增加收入，提高土地利用率。

② 合理间作既充分利用光能，又可增加土壤有机质，改良土壤理化性状。如间作大豆，除收获豆实外，遗留在土壤中的根、叶，每亩地可增加有机质约 20 千克。利用间作物覆盖地面，可抑制杂草生长，减少蒸发和水土流失，防风固沙，缩小地面温变幅度，改善生态条件，有利于果树的生长发育。

（2）间作物要求及管理

① 间作物要有利于果树的生长发育，在不影响果树生长发育的前提下，种植间作物。

② 应加强树盘肥水管理，尤其是在间作物与果树竞争养分剧烈的时期，要及时施肥灌水。

③ 间作物要与果树保持一定距离，尤其是播种多年生牧草更应注意。因多年生牧草根系强大，应避免其根系与果树根系交叉，加剧争肥争水的矛盾。

④ 间作物植株要矮小，生育期较短，适应性强，与果树需水临界期错开。

⑤ 间作物应与果树没有共同病虫害，比较耐荫和收获较早等。

（3）适宜樱桃园间种作物

① 以间作花生、豇豆等矮秆并具有固氮能力的豆科作物为主。

② 不宜种植高粱、玉米等高秆作物，易遮光又与樱桃树争夺肥水，喷药等管理不方便；也不宜种植蔬菜，特别是秋季蔬菜，蔬菜生长期施肥灌水，造成樱桃幼树贪长，抗寒性差，容易受冻。间作秋季蔬菜的果园，浮尘子

产卵危害枝干严重，次年春季幼树易抽条。

③ 为了缓和树体与间作物争肥、争水、争光的矛盾，又便于管理，果树与间作物间应留出足够的空间。当果树行间透光带仅有 1～1.5 米时应停止间作。

④ 在生长季中，要根据大樱桃和间作物生长发育的需要，分别施肥和灌水，以减缓其间争肥争水的矛盾，以免影响大樱桃生长结果。

⑤ 长期连作易造成某种元素贫乏，元素间比例失调或在土壤中遗留有毒物质，对果树和间作物生长发育均不利。为避免间作物连作所带来的不良影响。需根据各地具体条件制定间作物的轮作制度。

六、成年果园土壤管理制度

成年果园的土壤管理制度如下：

（一）清耕

园内不种作物，经常进行耕作，使土壤保持疏松和无杂草状态。果园清耕制是一种传统的果园土壤管理制度，目前生产中仍被广泛应用。

1. 方法

果园土壤在秋季深耕，春季浅翻，生长季多次中耕除草，耕后休闲。

（1）秋季深耕

① 在新梢停长后或果实采收后进行。此时地上部养分消耗减少，树体养分开始向下运转，地下部正值根系秋季生长高峰，被耕翻碰伤的根系伤口可以很快愈合，并能长出新根，有利于树体养分的积累。

② 由于表层根被破坏，促使根系向下生长，可提高

根系的抗逆性，扩大吸收范围。

③ 通过耕翻可铲除宿根性杂草及根蘖，减少养分消耗。

④ 耕翻有利于消灭地下越冬害虫。

⑤ 在雨水过多的年份，秋季耕翻后，不耙平或留"锨窝"，可促进蒸发，改善土壤水分和通气状况，有利于树体生长发育；在低洼盐碱地留"锨窝"，还可防止返碱。

⑥ 耕翻深度一般为20厘米左右。

（2）春季浅翻

① 在清明到夏至之间对土壤进行浅翻，深10厘米左右。

② 此时是新梢生长、坐果和幼果膨大时期，经浅翻有利于土壤中肥料的分解，也有利于消灭杂草及减少水分的蒸发，促进新梢的生长、坐果和幼果的膨大。

（3）中耕除草　生长季节，果园在雨后或灌溉后须进行中耕除草，以疏松表土、铲除杂草、防止土壤水分的蒸发。

2. 优缺点

（1）优点

① 清耕法可使土壤保持疏松通气，促进微生物繁殖和有机物分解，短期内显著增加土壤有机态氮素，提高速效性氮素的释放，增加速效性磷、钾的含量。

② 耕锄松土，可除草、保肥、保水。

③ 有效控制杂草，避免杂草与果树争夺肥水的矛盾。

④ 利于行间作业和果园机械化管理。

⑤ 消灭部分寄生或躲避在土壤中的病虫。

（2）缺点

① 果园长期清耕会使果园的生物种群结构发生变化，一些有益的生物数量减少，破坏果园的生态平衡。

② 破坏土壤结构，使物理性状恶化，有机质含量及土壤肥力下降。

③ 长期耕作使果实干物质减少，酸度增加，储藏性下降。

④ 坡地果园采用清耕法在大雨或灌溉时易引起水土流失；寒冷地区清耕制果园的冻害加重，幼树的抽条率高。

⑤ 清耕法费工，劳动强度大。

（3）果园清耕制　一般适应于土壤条件较好、肥力高、地势平坦的果园，果园不宜长期应用清耕制，也不能连年应用，应用清耕制要注意增施有机肥。

（二）生草

生草法即在行间、株间树盘外的区域种草，树盘清耕或覆草。有经济条件的大面积的樱桃园，土壤管理多采用全园生草；小面积的樱桃园，一般不提倡果园生草。

1. 概念

生草法在土壤水分较好的果园可以采用。应选择优良草种，关键时期补充肥水，刈割覆盖地面，在缺乏有机质、土壤较深厚、水土易流失的果园，生草法是较好的土壤管理方法。

甜樱桃树多采用低干矮冠的整形修剪方法，生草应选用矮小的草种，一般多采用白三叶草。由于所播草类生长发育需要大量水分，实行生草法的甜樱桃园必须有方便的灌水条件，并在草及甜樱桃树生长发育的关键时期及时补肥、浇水，及时刈割覆于树盘，割后保留 10 厘米高。

长期生草后易使土壤板结，透气不良，草根大量集中于表层土，争夺养分、水分，使果树表层根发育不良，几年后宜翻耕休闲 1 次。

2. 优缺点

（1）优点

① 生草后土壤不进行耕锄，土壤管理较省工。

② 可减少土壤冲刷，留在土壤中的草根，可增加土壤有机质，改善土壤理化性状，使土壤能保持良好的团粒结构。

③ 在雨季，生草果园消耗土壤中过多水分、养分，可促进果实成熟和枝条充实，提高果实品质。

（2）缺点

① 长期生草的果园易使表层土板结，土壤的通气性受影响。

② 草的根系强大，且在土壤上层分布密度大，截取下渗水分，消耗表土层氮素，使果树根系上浮，与果树争夺水肥的矛盾加大，可通过刈割草，对果树、草增施肥料等方法加以控制。

3. 生草模式

樱桃园生草可采用全园生草、行间生草和株间生草等模式，具体模式应根据果园立地条件、管理条件而定。

① 土层深厚、肥沃，根系分布深的果园，可全园生草；土层浅、瘠薄的果园，可用行间生草和株间生草。

② 在年降水量少于 500 毫米、无灌溉条件的果园，不宜进行生草栽培。

③ 树体矮化、适度密植，行距为 5～6 米的果园，可在幼树定植时就开始种草；中等密植的矮化果园也可生

草；高度密植的果园不宜生草而宜覆草。

④ 提倡行间生草、行内除草制度，行内使用除草剂防除杂草，其宽度为树冠垂直投影宽度，土壤常年不需耕作，利于保护土壤结构，使果树根系充分利用表层养分。

4. 草种及草的栽培要点

果园草种主要是多年生牧草和禾本科植物。常见较好的草种有白花三叶草、紫花苜蓿、多年生黑麦草、毛叶苕子等。

适合樱桃园生草的种类有白三叶、红三叶、紫花苜蓿、百脉根、乌豇豆、沙打豆、紫云英、苕子、黑麦草等。

（1）白三叶草　也叫白车轴草、荷兰翘摇，为豆科三叶草属多年生宿根性草本植物。

白三叶草喜温暖湿润气候，较其他三叶草适应性强。气温降至 0℃ 时部分老叶枯黄，小叶停止生长，但仍保持绿色。其耐热性也很强，35℃ 左右的高温不会萎蔫。生长最适温度为 19～24℃。较耐阴，在果园生长良好，但在强遮阴的情况下易徒长。对土壤要求不严格，耐瘠、耐酸，不耐盐碱。耐践踏，耐修剪，再生力强。

白三叶草种子细小，播前需精细整地，翻耕后施入有机肥或磷肥，可春播也可秋播，北方地区以秋播为宜。果园每亩播种量为 1 千克以上，多用条播，也可撒播，覆土要浅，1 厘米左右即可。播种前可用三叶草根瘤菌拌种，接种根瘤菌后，三叶草长势旺盛，固氮作用增强。

白三叶草的初花期即可刈割。花期长，种子成熟不一致，利用部分种子自然落地的特性，果园可达到自然更新，长年不衰。

白三叶草生长快，有匍匐茎，能迅速覆盖地面，草丛浓厚，具根瘤。白三叶草植株低矮，一般30厘米左右，长到25厘米左右时进行刈割，刈割时留茬不低于5厘米，以利再生。每年可刈割2～4次，割下的草可就地覆盖。每次刈割后都要补充肥水。生草3年左右后草已老化，应及时翻耕，休闲1年后，重新播种。

（2）紫花苜蓿 豆科多年生宿根性草本植物。

紫花苜蓿喜温暖半干燥性气候，抗寒、抗旱、耐瘠薄、耐盐碱，但不耐涝。种子发芽的最低温度为5℃，幼苗期可耐－6℃的低温，植株能在－30℃的低温下越冬，对土壤要求不严。播种前施入农家肥及磷肥作底肥，以利根瘤形成。苜蓿种子细小，应精细整地，深耕细耙。可春播和夏播。春季墒情好时可早春播种，在春季干旱、风沙多的地区宜雨季播种，一般每亩用种量1千克，播种深度2～3厘米，采用条播，行距25～50厘米。

紫花苜蓿一般可利用5～7年，1年可刈割3～4茬，留茬高度5厘米，在第2年和第3年，年产鲜草达5000～7000千克，最佳收割期为始花期。苜蓿耗水量大，在干旱季节、早春和每次刈割后灌溉，能显著提高苜蓿产量。

（3）多年生黑麦草 多年生黑麦草为禾本科黑麦草属多年生草本植物。

多年生黑麦草喜温暖湿润气候，适于年降雨量700～1500毫米地区，生长最适温度20～25℃，不耐炎热，35℃以上生长不良；抗旱性差，适宜在肥沃、潮湿、排水良好的壤土和黏土上种植，不宜在沙土上种植。

多年生黑麦草种子细小，播种前应精细整地、施足底肥。春、秋均可播种，以秋播为宜，播种量1～1.5千克/

亩，撒播和条播均可，条播行距 25～30 厘米，播种深度 2 厘米左右。

刈割应在抽穗前或抽穗期进行，每次刈割后要追肥，以氮肥为主。多年生黑麦草一般寿命 4～5 年，须根发达，有良好的保持水土作用。

（4）毛叶苕子　毛叶苕子俗名兰花草、苕草、野豌豆等，豆科巢菜属，一年生或越年生草本植物。苕子根上着生根瘤，固氮能力强，养分含量高。

苕子的根系发达，吸收水分的能力极强，叶片小，全株着生茸毛，抗旱能力较强，在各类土壤上都能生长，但以在排水良好的壤质土上生长较好。苕子的抗寒性较强，除我国东北、西北高寒地区外，大多数地区可以安全越冬。苕子耐阴性较好，适于果园间作；苕子的再生能力强，如果在蕾期刈割，伤口下的腋芽可萌发成枝蔓。

毛叶苕子一般采用春播或秋播的方法，冬季不能越冬的地区实行春播，冬季能安全越冬的地区最好秋播。

果园种植毛叶苕子要求土壤耙平、整细。由于种皮坚硬，不易吸水发芽，为提高种子的发芽率，播种前要进行种子处理。用 60℃的水浸种 5～6 小时，捞出，晾干后播种。在播种前用根瘤菌拌种可提高鲜草产量和固氮的能力。果园间种毛叶苕子，以条播为宜，行距 25～30 厘米，每亩播种量 5 千克左右。

在苕子的盛花期就地翻压或割后集中于树盘下压青；在苕子现蕾初期，留茬 10 厘米刈割，刈割后再生留种；苕子有 30%硬粒，在第 2 年后陆续发芽，可让其自然落种，形成自然生草；利用苕子鲜茎叶或脱落后的干茎叶做成堆肥或沤肥，腐熟后施入果园。

（三）果园覆草

果园覆草的草源主要是麦秸、豆秸、玉米秸、稻草等作物秸秆，数量一般为每亩 2000～2500 千克麦秸。若草源不足，应主要覆盖树盘，覆草厚度为 15～20 厘米。覆草最宜在山岭地、沙壤地、土层浅的樱桃园进行，黏重土壤不宜覆草。除雨季外，覆草可常年进行。连续覆草 4～5 年后可有计划深翻，每次翻树盘 1/5 左右，可以促进根系更新。覆草果园要注意防火、防风。

1. 优缺点

（1）优点

① 覆草能防止水土流失，抑制杂草生长，减少蒸发，防止返碱，积雪保墒，缩小地温的昼夜与季节变化幅度。

② 覆草能增加有效态养分和有机质含量，并防止磷、钾和镁等被土壤固定而成无效态，利于团粒形成，对果树的营养吸收和生长有利。

（2）缺点　覆草可招致虫害和鼠害，使果树根系变浅。

2. 果园覆草方法

① 一般在土壤化冻后进行，也可在草源充足的夏季覆盖。

② 覆草厚度以 15～20 厘米为宜。过薄，起不到保温、增湿、灭杂草的作用；过厚则易使早春土温上升慢，不利于根系活动。

③ 全园覆草不利于降水尽快渗入土壤，降水蒸发消耗多，生产中提倡树盘覆草。覆草前在两行树中间修30～50 厘米宽的畦埂或作业道，树畦内整平使近树干处略高，盖草时树干周围留出大约 20 厘米的空隙。

3. 果园覆草注意事项

① 覆草前翻地、浇水，碳氮比大的覆盖物，要增施氮肥，满足微生物分解有机物对氮肥的需要；过长的覆盖物，如玉米秸、高粱秸等要切短，段长 40 厘米左右。

② 覆草后在草上星星点点压土，以防风刮和火灾，但切勿在草上全面压土，以免通气不畅。

③ 果园覆草改变了田间小气候，使果园生物种群发生变化，如树盘全铺麦草或麦糠的果园玉米象对果实的危害加重，应注意防治；覆草后不少害虫栖息草中，应注意向草上喷药。

④ 秋季应清理树下落叶和病枝。

⑤ 果园覆草应连年进行，至少保持 4～5 年以上才能充分发挥覆盖的效应。在覆盖期间不进行刨树盘或深翻扩穴等工作。

⑥ 连年覆草会引起果树根系上移，分布变浅，覆草的果园不易改用其他土壤管理方法。

（四）免耕法

果园利用除草剂防除杂草，土壤不进行耕作，可保持土壤自然结构、节省劳力、降低成本。

果园免耕，不耕作、不生草、不覆盖，用除草剂灭草，土壤中有机质的含量得不到补充而逐年下降，造成土壤板结。但从长远看，免耕法比清耕法土壤结构好，杂草种子密度减少，除草剂的使用量也随之减少，土壤管理成本降低。

免耕的果园要求土层深厚，土壤有机质含量较高；或采用行内免耕，行间生草制；或行内免耕，行间覆草制；或免耕几年后，改为生草制，过几年再改为免耕制。

七、果园土壤一般管理

1. 耕翻

耕翻最好在秋季进行。

秋季耕翻多在果树落叶后至土壤封冻前进行，可结合清洁果园，把落叶和杂草翻入土中，既减少了果园病源和虫源，又可增加土壤有机质含量。也可结合施有机肥进行，将腐熟好的有机肥均匀撒施入，然后翻压即可。耕翻深度为 20 厘米左右。

2. 中耕除草

中耕的目的是消除杂草以减少水分、养分的消耗。中耕次数应根据当地气候特点、杂草多少而定。在杂草出苗期和结籽期进行除草效果较好，能消灭大量杂草，减少除草次数。

中耕深度一般为 6～10 厘米，过深伤根，对果树生长不利，过浅起不到中耕的作用。

3. 化学除草

化学除草指利用除草剂防除杂草，可将药液喷洒在地面或杂草上除草，简单易行，效果好。

选用除草剂时，应根据果园主要杂草种类选用，结合除草剂效能和杂草对除草剂的敏感度和忍耐力，确定适宜浓度和喷洒时期。

喷洒除草剂前，应先做小型试验，然后再大面积应用。

4. 地膜覆盖

地膜覆盖是山地、水浇条件较差的樱桃园常采用的一种方法。

（1）作用

① 树下覆膜能减少水分蒸发，提高根际土壤含水量，盆状覆膜具有良好的集水作用。

② 提高早春土壤温度，促进根系生理活性和微生物活动，加速有机质分解，增加土壤肥力。

③ 减少部分越冬害虫出土为害。

④ 促进果实成熟和抑制杂草生长。

(2) 地膜覆盖技术　覆膜前，先整好树盘，灌水后覆盖厚度为 0.07 毫米的聚乙烯薄膜于树盘上，四周用土压实。一般沿着行间以树体基部为界，两面各覆一层。1 年后薄膜老化破裂后，再更换新膜。

(3) 地膜覆盖注意事项

① 应根据不同需要选用不同类型的地膜。无色透明地膜可有效提高地温，减少水分蒸发，幼树定植后最好能立即覆膜，以提高土温、保持土壤水分；黑色地膜除草、保温、保墒效果较好；银色反光膜具有较强的反光作用，在果实着色前覆盖，可有效增加树冠内光照强度，有利于果实着色，提高果实品质。

② 甜樱桃园进行地膜覆盖时，要注意覆盖带不能过宽，一般幼树仅覆盖 60～80 厘米宽，大树覆盖面积最多 70%。

③ 浇水后不能立即覆膜，需待水渗下并中耕松土后方可覆膜，否则会因盖膜后水分不易散失，土壤透气性降低，而引起烂根。雨季时，要视降雨量大小及时排水，避免造成果园积水而损害根系。

④ 幼树覆膜时，为防止地面高温，到 6 月份要撤膜或膜上盖草。

⑤ 覆透明膜由于膜下温度、湿度适宜，膜内往往杂

草丛生，在覆膜前平整土地后用除草剂处理。

⑥ 覆膜时要注意在树干周围堆个小土堆，压住穿孔处，以免膜下高温蒸汽灼伤树干皮层，导致死树。

⑦ 覆膜后加快了有机质的分解，长期覆膜降低土壤肥力。采用地膜覆盖技术的果园，要增施有机肥和矿物质肥料。

第三节　施　　肥

一、甜樱桃需肥特点

1. 甜樱桃生长迅速，果实发育期集中

结果树的展叶、抽枝和开花结果，都在生长季的前半期中，花芽分化又集中在采果后较短的时间。大樱桃越冬期间树体储藏的营养、生长结果和花芽分化期间的营养水平等因素对树势、产量有重要影响。应注意在冬前、花期前后以及采果后花芽分化期间等重要阶段施肥。特别是花芽分化前1个月适量施用氮肥，能够促进花芽分化和提高花芽发育。

2. 对营养变化较敏感

甜樱桃属速生果树，年生长量大，叶片肥厚而大，一旦某种营养元素不足或过量，很快就会在叶片上表现出来，从而影响到树体的正常生长发育。

3. 对氮、钾的需要量较多，对磷的需要量较少

甜樱桃在年周期发育过程中，叶片中氮、磷、钾的含量，以展叶期最多，此后逐渐减少。钾的含量在10月初回升，并达到最高值。甜樱桃对氮、钾的需要量最多，且

数量相近。对磷的需要量则低得多。氮、磷、钾的适宜施用量比例为 10：4：（10～12）。

施肥时考虑到樱桃的根系分布浅、抗寒性差、功能弱的特点，应遵循增加樱桃营养储备少量多次、水肥并施、浅施多点、地上和地下配合施用等施肥原则。

二、不同生长发育时期营养需要

1. 幼树期

幼树需要扩大根系和增加分枝，是长"骨架"阶段，对磷的需要较多，氮、磷、钾肥比例为 2：2：1。

2. 初结果期

初结果期树体处于继续生长阶段，需要增加枝量，促进形成花芽，氮、磷、钾肥的比例为 1.5：2：1。

3. 盛果期

盛果期为了持续高产、稳产，增强树体抗逆性，提高果品质量，氮、磷、钾肥的比例为 2：1：2。

4. 衰老期

衰老树树体进入衰老阶段，重点是恢复树势，抽生新枝，氮、磷、钾肥的比例为 2：1：1。

三、肥料种类

1. 有机肥料

有机肥料是指肥料中含有较多有机物的肥料。有机肥料是迟效性肥料，在土壤中逐渐被微生物分解，养分释放缓慢，肥效期长，有机质转变为腐殖质后，能改善土壤的理化性质，提高土壤肥力。其养分比较齐全，属完全性肥料，是果树的基本肥料。一般作基肥使用，施入果树根系集中分布层。

2. 化学肥料

化学肥料又称无机肥料，成分单纯，某种或几种特定矿物质元素含量高，肥料能溶解在水里，易被果树直接吸收，肥效快，但施用不当，可使土壤变酸、变碱，土壤板结。一般作追肥用，应结合灌水施用。在化肥中按所含养分种类又分为氮肥、磷肥、钾肥、复合肥料、微肥等。

（1）氮肥　常用的氮肥有尿素、氨水、碳酸氢铵、硝酸铵、磷酸铵、磷酸二氢铵、磷酸氢二铵等。

① 尿素　尿素含氮量 $42\%\sim46\%$。尿素适用于各种土壤和植物，对土壤没有任何不利的影响，可用作基肥、追肥，或进行叶面喷施。

② 氨水　氨溶于水即成为氨水，含氮量 $12\%\sim17\%$，极不稳定，呈碱性，有强烈的腐蚀性。氨水适用于各种土壤，可作基肥和追肥。施用时必须坚持"一不离土，二不离水"的原则。

③ 碳酸氢铵　简称碳铵，含氮量 17% 左右。碳铵适用于各种土壤，宜作基肥和追肥，应深施并立即覆土，切忌撒施地表。其有效施用技术包括底肥深施、追肥穴施、条施、秋肥深施等。

④ 硫酸铵　简称硫铵，含氮量 $20\%\sim21\%$。硫铵适用于各种土壤，可作基肥、追肥和种肥。酸性土壤长期施用硫酸铵时，应结合施用石灰，以调节土壤酸碱度。

（2）磷肥　常用的磷肥有过磷酸钙、重过磷酸钙、钙镁磷肥、磷矿粉等。

① 过磷酸钙　又称普钙。可以施在中性、石灰性土

壤上，可作基肥、追肥，也可作根外追肥。注意不能与碱性肥料混施，以防酸碱性中和，降低肥效。主要用在缺磷土壤上，施用要根据土壤缺磷程度而定，叶面喷施浓度为$1\%\sim2\%$。

② 重过磷酸钙 又称重钙。重钙的施用方法与普钙相同，只是施用量酌减。在等磷量的条件下，重钙的肥效一般与过磷酸钙相差无几。

③ 钙镁磷肥 适用于酸性土壤，肥效较慢，作基肥深施比较好。与过磷酸钙、氮肥不能混施，但可以配合施用，不能与酸性肥料混施，在缺硅、钙、镁的酸性土壤上效果好。

④ 磷酸一铵和磷酸二铵 是以磷为主的高浓度速效氮、磷二元复合肥，适用于各种土壤，主要作基肥。

(3) 钾肥 常用的钾肥有硫酸钾、窑灰钾肥等。

① 硫酸钾 含氧化钾$50\%\sim52\%$，为生理酸性肥料，可作种肥、追肥和底肥、根外追肥。

② 窑灰钾肥 是热性肥料，可作基肥或追肥，适宜用在酸性土壤上，施用时应避免与根系直接接触。

(4) 复合肥料 凡含有氮、磷、钾三种营养元素中的两种或两种以上元素的肥料总称复合肥。含两种元素的叫二元复合肥，含 3 种元素的叫三元复合肥。复合肥肥效长，宜作基肥。若复合肥施用过量，易造成烧苗现象。

复合肥具有物理性状好、有效成分高、储运和施用方便等优点，且可减少或消除不良成分对果树和土壤的不利影响。

常用的复合肥有磷酸一铵、磷酸二铵、硝酸磷肥、磷酸二氢钾及多种掺混复合肥。

（5）微肥　微肥是提供植物微量元素的肥料，如铜肥、硼肥、钼肥、锰肥、铁肥和锌肥等都称为微肥。

常用的微肥有硫酸锌、硫酸亚铁、硫酸锰、硼砂、钼酸铵等。

3.生物肥

生物肥是指一类含有大量活的微生物的特殊肥料。生物肥料施入土壤中，大量活的微生物在适宜条件下能够积极活动，有的可在果树根系周围大量繁殖，发挥自生固氮或联合固氮作用；有的还可分解磷、钾矿物质元素，供给果树吸收或分泌生长激素刺激果树生长。所以生物肥料不是直接供给果树需要的营养物质，而是通过大量活的微生物在土壤中的积极活动来提供果树需要的营养物质或产生激素来刺激果树生长。

由于大多数果树的根系都有菌根共生现象，果树根系的正常生长需要与土壤中的有益微生物共生，互惠互利。一方面，有些特定的微生物在代谢过程中产生生长素和赤霉素类物质，能够促进果树根系的生长；另一方面，也有些种类的微生物能够分解土壤中被固定的矿物质营养元素，如磷、钾、铁、钙等，使其成为游离状态，能顺利地被根系吸收和利用。有益微生物也能从根系内吸收部分糖和有机营养，供自身代谢和繁殖需要，形成共生关系。因此，为了促进果树根系的发育和生长，生产上要求果园有必要每年或隔年施入一定量的腐熟有机肥（含大量有益微生物）或生物肥。

生物肥料的种类很多，生产上应用的主要有根瘤菌类肥料、固氮菌类肥料、解磷解钾菌类肥料、抗生菌类肥料和真菌类肥料等。这些生物肥料有的是含单一有效菌的制品，也有的是将固氮菌、解磷解钾菌复混制成的复合型制品，目前市场上大多数制品都是复合型的生物肥料。

使用生物肥料应注意以下问题：

① 产品质量　检查液体肥料沉淀与否、浑浊程度；固体肥料载体颗粒是否均匀、是否结块；生产单位是否正规、是否有合格证书等。

② 及时使用、合理施用　生物肥料的有效期较短，不宜久存，一般可于使用前 2 个月内购回，若有条件，可随购随用。还应根据生物肥料的特点并严格按说明书要求施用，须严格操作规程。喷施生物肥时，效果在数日内即较明显，微生物群体衰退很快，应予及时补施，以保证其效果的连续性和有效性。

③ 注意储存环境　注意与其他药、肥分施。不得阳光直射，避免潮湿、干燥通风等。在没有弄清其他药、肥的性质以前，最好将生物肥料单独施用。

四、施肥时期

秋季、花前及采收后是甜樱桃施肥的 3 个重要时期。

1. 秋施基肥

宜在 9～10 月间进行，以早施为好，可尽早发挥肥效，有利于树体储藏养分的积累。

2. 花前追肥

樱桃开花坐果期间对营养条件有较高的要求。萌芽、开花需要的是储藏营养，坐果则主要靠当年的营养，因此初花期追施氮肥对促进开花、坐果和枝叶生长都有显著的作用。樱桃盛花期土壤追肥肥效较慢，此期叶面喷肥可有效地提高坐果率，增加产量。

3. 采果后追肥

樱桃采果后 10 天左右，即开始大量分化花芽，此期施速效肥料，特别是复合肥，以促进甜樱桃花芽分化。

五、施肥方法

樱桃园施肥包括土壤施肥和叶面喷肥。

1. 土壤施肥

土壤施肥的深度原则上应是甜樱桃根系的集中分布层，一般在 40 厘米以内，这一土层也是微生物活动最旺盛的土层，肥料施入后易充分发挥作用。施肥过深，细根少，土壤微生物少，透气性差，养分释放慢，根系吸收差，肥料起不到应有的作用；施肥过浅，诱导根系上返，易受旱害、冻害。有机肥可适当深施，以增加深层土的通透性，促使根系下扎。深层土中根系的良好发育有利于增加树体抗旱、抗寒性及植株对土壤天然养分的利用。

（1）秋施基肥

① 施肥时期　秋施基肥一般在 8 月下旬进行。早秋施基肥正值根系的秋季生长高峰，有利于对养分的吸收，同时伤根也能得到很好的恢复，并有利于多发根，施肥当年就能发挥肥效，增加越冬前的营养储备。

② 秋施的基肥种类　腐熟发酵的猪粪、牛粪、马粪及鸡粪和适量的氮、磷、钾复合肥。

③ 施肥量　一般幼树每株施猪粪 30～40 千克，鸡粪 10 千克，饼肥 2.0～2.5 千克，复合肥 0.5～1.0 千克；盛果期树每株施猪粪 100 千克，鸡粪 40～50 千克，饼肥 4～5 千克，复合肥 1.0～1.5 千克。

（2）追肥

① 追肥时期　追肥分 4 个时期，即花前追肥、幼果膨大期追肥、采果后追肥、落叶后追肥。

② 追肥量　尿素每次施用量，幼树每株 0.2～0.3 千克，盛果期树每株 0.5～1 千克；过磷酸钙每次施用量，幼树每株 0.3～0.5 千克，盛果期树每株 1.0～2.0 千克；果树专用肥或三元复合肥每次施用量，幼树每株 0.5～1.0 千克，盛果期树每株 1.0～1.5 千克。

2. 叶面喷肥

（1）作用

① 叶面喷肥主要是通过叶片上的气孔进行吸收，运送到树体的各个器官。樱桃叶片大而密集，极适合进行叶面喷肥。

② 叶面喷肥肥效发挥快，有些养分喷后 15 分钟即可进入叶片。肥料进入叶片后可以均衡分配，不受生长旺盛部位调运影响，有利于缓和树势。叶面喷肥可使生长弱势部位促壮，尤其对提高短枝功能作用巨大。

（2）方法

① 喷肥时，一定要把药液喷在叶背面。

② 喷肥时间最好在上午 10 时以前或下午 4 时以后，避免在中午高温时喷肥，以免发生肥害。

③ 一般根外追肥每年进行 3～4 次，落花后至采收前，结合打药一起进行，前期喷布 1000 倍活力素加 0.3％尿素混合液，或喷布氨基酸叶面肥 800 倍液；后期喷布 1000 倍活力素加 0.3％磷酸二氢钾混合液，或喷布氨基酸叶面肥 800 倍液。

④ 叶面喷肥效果可持续 10～15 天。叶面喷肥应每 10～15 天 1 次。

六、不同树龄施肥技术

1. 幼树期施肥

为了使苗木定植后的头 1～2 年内树体生长健旺，生长季节有后劲，最好在苗木定植前株施腐熟的鸡粪 2～3 锹，与土拌匀，然后覆一层表土再定植苗木，或定植前株施 0.5 千克复合肥，或定植前全园撒施每亩 5000 千克的腐熟鸡粪或土杂粪，深翻后再定植苗木。

5 月份以后要追施速效性肥料，结合灌水，少施勤施，防止肥料烧根。

为促进枝条快速生长，不能只追氮肥。虽然甜樱桃对磷的需求量远低于氮、钾，但适量补充磷肥，有利于枝条充实健壮。一般采用磷酸二铵和尿素的方式追肥，每次每株施"二铵＋尿素"0.15～0.2 千克。

2. 结果树施肥

9 月份施基肥，以有机肥为主，配合适量化肥。每亩施土杂粪 5000 千克＋复合肥 100 千克，撒施后再深翻。

盛花末期追施氮肥，株施碳铵 1.5～2 千克，结合浇水撒施。

硬核后的果实迅速膨大期至采收以前，结合灌水，撒施碳铵 0.5 千克/株 2 次。

采果后，放射状沟施人粪尿 30 千克/株或甜樱桃专用肥 5 千克或复合肥 1.5～2 千克/株。在土壤不特殊干旱条件下要干施，即施后不浇水。

从初花到果实采收前，叶面喷施泰宝（腐植酸类含钛等微量元素的叶面肥）800 倍液 4 次，间隔时间 7～10 天，早中熟品种 7 天、晚熟品种 10 天，也可施用高美施等其他叶面肥。

第四节 水 分 管 理

櫻桃对水分和土壤通气状况的要求较为严格，正常生长发育不仅需要一定的大气湿度，还需要适宜的土壤湿度。灌水时应本着少量多次、稳定供应的原则进行。既要防止大水漫灌导致土壤通气状况急剧恶化，也要防止干旱导致根系功能下降。果实发育期更要注意水分稳定供应，严防过干、过湿造成大量裂果。

一、适时浇水

1. 浇水时期

櫻桃的浇水可根据其生长发育中需水的特点和降雨情况进行，一般每年要浇水 5 次。

（1）花前水 在发芽后开花前进行，主要是为了满足发芽、展叶、开花对水分的需求。

（2）硬核水 硬核期是果实生长发育最旺盛的时期，此期 10～30 厘米的土层内土壤相对含水量不能低于60％，否则就要及时灌水。此次灌水量要大，以浸透土壤50 厘米为宜。

（3）采前水 采收前 10～15 天是樱桃果实膨大最快的时期，此时若土壤干旱缺水，则果实发育不良；但若在长期干旱后突然在采前浇大水，易引起裂果。因此，此期浇水采取少量多次的原则。

（4）采后水 果实采收以后，正是树体恢复和花芽分化的关键时期，要结合施肥进行充分灌水。

（5）封冻水　落叶后至封冻前要浇 1 次封冻水，这对樱桃安全越冬、减少花芽冻害及促进树体健壮生长均十分有利。

2. 浇水方法

（1）漫灌　是生产中最常用的灌溉方式，在土壤较旱或植株需水高峰期进行。黏质土壤及设施促成栽培不宜采用。

（2）沟灌　垄上栽植的果园，可沿行间沟灌水，通过渗透使根系吸收。由于水流通畅，可使水在行中多积一会儿，然后再改水浇第 2 行，便于浇好浇透。隔行灌水，即每次使樱桃的半边根系吸足水分，通过传导保证另一边根系也能正常生长，既节约用水，又可控制灌水量，也能保证树体良好生长。在果实着色期宜采用此法。要注意两边交替灌水。

（3）穴灌　在水源较缺的山地果园可采用穴灌，即在树的四周围挖 6 个 50 厘米见方的穴（不能伤根系），填满草，结合施肥，向穴内灌满水，灌完后用薄膜封穴口即可。

二、雨季排水

樱桃树是最不抗涝的树种之一。因此，樱桃园排水必须通畅，要求建园时必须设计排水体系，保证雨后 2 小时内将园中水排净，绝对不能出现园内积水现象。

平凹地的樱桃园可在下水口与树行间，挖宽 1 米、深 0.8～1 米的主排水沟，每隔 4～6 行顺行挖宽 0.6 米、深 0.6～5 米的支排水沟。

山区梯田樱桃园，一般靠沿里边的树，在雨季容易受涝、黄叶，甚至导致死树。必须通过挖沿下沟来解除半边涝。一般沿下沟，沟深不小于 60 厘米。

第七章 整形修剪

第一节 樱桃树整形修剪的原理及作用

一、整形修剪的概念

1. 整形

整形是指从樱桃幼树定植后开始，把每一株树都剪成既符合其生长结果特性，又适应于不同栽植方式、便于田间管理的树形，直到树体的经济寿命结束。

整形的主要内容包括以下三方面：

（1）主干高低的确定　主干是指从地面开始到第一主枝的分枝处的高度。主干的高低和树体的生长速度、增粗速度呈反相关关系。栽培生产中，应根据樱桃建园地点的土层厚度、土壤肥力、土壤质地、灌溉条件、栽植密度、生长期温度高低、管理水平等方面进行综合考虑。一般情况下，有利于树体生长的因素多，定干可高些，反之则低些。

（2）骨干枝的数目、长短、间隔距离　骨干枝是指构成树体骨架的大枝（主枝和大的侧枝），选留的原则是，在能充分满足占满空间的前提下，大枝越少越好，修剪上真正做到"大枝亮堂堂，小枝闹攘攘"；主枝的长度应以行距的一半为宜，避免交叉，同时利于通风透光，为果园管理和田间作业提供方便；主枝间隔距离应掌握主枝越大，间隔距离越大，反之则相反的原则。

（3）主枝的伸展方向和开张角度的确定　主枝尽量向行间延伸，避免向株间方向延伸，以免造成郁闭和交叉，主枝的开张角度应根据密度来确定，密度越大，开张角度应该加大，密度小则角度应小，目的是有利于控制树冠的大小。

2. 修剪

修剪就是在整形过程中和完成整形后，为了维持良好的树体结构，使其保持最佳的结果状态，每年冬季都要对树冠内的枝条适度地进行疏间、短截和回缩，夏季采用拉枝、扭梢、摘心等技术措施，以便在一定形状的树冠上，使其枝组之间新旧更替，结果不绝，直到树体衰老不能再更新为止。

二、整形修剪的目的

果树整形修剪的目的是为了使果树早结、早丰产，延长其经济寿命，同时获得优质的果品，提高经济效益，使栽培管理更加方便省工。具体来说有以下几点：

1. 通过修剪完成果树的整形

果树通过修剪，使其有合理的干高，骨干枝分布均匀，伸展方向和着生角度适宜，主从关系明确，树冠骨架牢固，与栽培方式相适应，为丰产、稳产、优质打下良好的基础。同时通过修剪使树冠整齐一致，每个单株所占的空间相同，能经济地利用土地，并且便于田间的统一管理。

2. 调节生长与结果的关系

果树生长与结果的矛盾是贯穿于其生命过程中的基本矛盾。从果树开始结果以后，生长与结果多年同时存在，相互制约，对立统一，在一定条件下可以相互转化。修剪主要是应用果树这一生物学特性，对不同品种、不同树龄、不同生长势的树，适时、适度地做好这一转化工作，使生长与结果建立起相对的平衡关系。

3. 改善树冠光照状况，加强光合作用

果树所结果实中，90％～95％的有机物质都来自光合作用，因此要获得高产，必须从增加叶片数量、叶面积指数、延长光合作用时间和提高叶片光合作用效率4个方面入手。整形修剪就是在很大程度上对上述因素发生直接或间接的影响。例如选择适宜的矮、小树冠，合理开张骨干枝角度，适当减少大枝数量，降低树高，拉大层间距，控制好大枝组等，都有利于形成外稀里密、上疏下密、里外透光的良好结构。另外，可以结合枝条变向，调整枝条密度，改善局部或整体光照状况，从而使叶片光合作用效率提高，有利于成花和提高果实品质。

4. 改善树体营养和水分状况，更新结果枝组，延长树体衰老

整形修剪对果树的一切影响，其根本原因都与改变树体内营养物质的产生、运输、分配和利用有直接关系。如重剪能提高枝条中水分含量，促进营养生长，扭梢、环剥可以提高手术部位以上的碳水化合物含量，从而使碳氮比增加，有利于花芽形成。通过对结果枝的更新，做到"树老枝不老"。

总之，整形与修剪可以对果树产生多方面的影响，不同的修剪方法有不同的反应，因此，必须根据果树生长结果习性，因势利导，恰当灵活地应用修剪技术，使其在果树生产中发挥积极的作用。

三、修剪对樱桃树的作用

修剪技术是一个广义的概念，不仅包括修剪，还包括许多作用于枝、芽的技术，如环剥、拉枝、扭梢、摘心、环刻等技术工作。

整形修剪可调整树冠结构的形成、果园群体与果树个体以及个体各部分之间的关系，而其主要作用是调节果树生长与结果。

现具体谈一下修剪对幼树和成年树的作用：

1. 修剪对幼树的作用

修剪对幼树的作用可以概括成 8 个字，即整体抑制、局部促进。

（1）局部促进作用 修剪后，可使剪口附近的新梢生长旺盛，叶片大，色泽浓绿。原因有以下几点：

① 修剪后，由于去掉了一部分枝芽，使留下来的分生组织（如芽、枝条等）得到的树体储藏养分相对增多。根系、主干、大枝是储藏营养的器官，修剪时对这些器官没影响，剪掉一部分枝后，使储藏养分与剪后分生组织的比例增大，碳氮比及矿物质元素供给增加，同时根冠比加大，所以新梢生长旺，叶片大。

② 修剪后改变了新梢的含水量。据研究，修剪树的新梢、结果枝的含水量都有所增加，未结果的幼树水分增加得更多，水分改善的原因有：根冠比加大，总叶面积相对减少，蒸腾量减少，生长前期最明显；水分的输导组织

有所改善，因为不同枝条中输导组织不同，导水能力也不同，短枝中有网状和孔状导管，导水力差，剪后短枝减少，全树水分供应可以改善，长枝有环纹或罗纹导管，导水能力强，但上部导水能力差，剪掉枝条上部可以改善水分供应。因此，在干旱地区或干旱年份修剪应稍重一些，可以提高果树的抗旱能力。

③修剪后枝条中促进生长的激素增加。据测定，修剪后的枝条内细胞激动素的活性比不修剪的高90％，生长素高60％。这些激素的增加，主要出现在生长季，从而促进新梢的生长。

(2) 整体抑制作用　修剪可以使全树生长受到抑制，表现为总叶面积减少，树冠、根系分布范围减少，修剪越重，抑制作用越明显。其原因如下：

①修剪剪去了一部分同化养分，1亩樱桃修剪后，剪去纯氮2千克、磷0.967千克、钾2.6千克，相当于全年吸收量的4％～6％，很多碳水化合物被剪掉了。

②修剪时剪掉了大量的生长点，使新梢数量减少，因此叶片减少，碳水化合物合成减少，影响根系的生长。由于根系生长量变小，从而抑制地上部生长。

③伤口的影响。修剪后伤口愈合需要营养物质和水分，因此对树体有抑制作用，修剪量愈大，伤口愈多，抑制作用愈明显。所以，修剪时应尽量减少或减小伤口面积。

修剪对幼树的抑制作用也因地区不同而有差异，生长季长的地区抑制作用较轻，反之较重。

根据这一特点，我们对幼树的修剪原则是，轻剪长放多留枝，小树助大；整形、结果两不误。

2. 修剪对成年树的作用

（1）成年树的特点　成年树的特点是枝条分生级次增多，水分、养分输导能力减弱，加之生长点多，叶面积增加，水分蒸腾量大，水分供应状况不如幼树。由于大部分养分用于花芽的形成和结果，使树体营养生长变弱，生长和结果失去平衡，营养不足时，会造成大量落花落果，产量不稳定，树势逐年衰弱，寿命缩短。

此外，成年树易形成过量花芽，过多的无效花和幼果白白消耗树体储藏营养，使营养生长减弱，随着树龄增长，树冠内出现秃壳现象，结果部位外移，坐果率降低，产量和品质降低，抗逆性下降。

（2）修剪的作用　修剪的作用主要表现在以下方面：

① 通过修剪可以把衰弱的枝条和细弱的结果枝疏掉或更新，改善了分生组织与储藏养分的比例，同时配合营养枝短截，可改善水分输导状况，增加了营养生长，起到了更新的作用，使营养枝增多，结果枝减少，光照条件得到改善。所以，成年树的修剪更多地表现为促进营养生长、调节生长和结果的平衡关系。因此，连年修剪可以使树体健壮，实现连年丰产、稳产的目的。

② 延迟树体衰老。利用修剪来经常更新复壮枝组，可防止秃裸，延迟衰老，对衰老树用重回缩修剪，配合肥水管理，能使其更新复壮，延长其经济寿命。

③ 提高坐果率，增大果实体积，改善果实品质。这种作用对水肥不足的树更明显；而在水肥充足的树上修剪过重，营养生长过旺，会降低坐果率，使果实变小、品质下降。

修剪对成年树的影响时间较长，因为成年树中，树干、根系储藏营养多，对根冠比的平衡需要的时间长。

第二节　樱桃树整形修剪的
依据、时期及方法

一、樱桃树整形修剪的依据

要搞好整形修剪必须考虑以下几个因素：

1. 不同品种的特性

品种不同，其生物学特性也不同，如在萌芽率、成枝力、分枝角度、花芽形成难易、中心干强弱以及对修剪敏感程度等方面都有差异。因此，根据不同品种的生物学特性，切实采取针对性的整形修剪方法，才能做到因品种科学修剪，发挥其生长结果特点。

2. 树龄和树势

树龄和树势虽为两个因素，但树龄和生长势有着密切关系，幼树至结果前期，一般树势旺盛，成枝力强，萌芽率低，而盛果期树生长势中庸或偏弱，萌芽率提高。前者在修剪上应做到小树助大，实行轻剪长放多留枝，多留花芽多结果，并迅速扩大树冠；后者要求大树防老，具体做法是适当重剪，适量结果，稳产优质。但也有特殊情况，成龄大树也有生长势较旺的。当然对于旺树，不管树龄大小，修剪量都要轻一些，对于大树可采取其他抑制生长措施，如叶面喷施生长抑制剂等。

3. 修剪反应

修剪反应是制订合理修剪方案的依据，也是检验修剪好坏的重要指标。因为同一种修剪方法，由于枝条生长势有旺有弱，状态有平有直，其反应也截然不同。要从两个方面考虑修剪反应：一个是要看局部表现，即剪口、锯口下枝条的生长、成花和结果情况；另一个是看全树的总体表现，是否达到了所要求的状况，调查过去哪些枝条剪错了，哪些修剪反应较好。因此，果树的生长结果表现就是对修剪反应客观而明确的回答。只有充分了解修剪反应之后再进行修剪，才能做到心中有数，做到正确修剪。

4.自然条件和栽培管理水平

树体在不同的自然条件和管理条件下，果树的生长发育差异很大，因此修剪时应根据具体情况，如年均温度、降雨量、技术条件、肥水条件，分别采用适当的树形和修剪方法。如贫瘠、干旱地区的果园，树势弱、树体小、结果早，应采用小冠树形，定干低一些，骨干枝不宜过多，过长。修剪应偏重些，多截少疏，注意复壮树势，保留结果部位。在肥、水条件好的果园，加之高温、多湿、生长期长，土层深厚，管理水平低，果树发枝多，长势旺，应采用大、中树形，树干也应高一些，并且主枝宜少，层间应大，修剪量要轻，同时加强夏季修剪，促花结果，以果压冠和解决光照。

5.果树的栽植方式

密植园和稀植园相比，树体要矮，树冠宜小，主枝应多而小。要注意以果压冠。稀植大冠树的修剪要求则正好相反。

二、修剪的时期和方法

近年来，随着果树管理水平的提高、技术的更新及对修剪认识的深入，对果树的整形修剪越来越引起广大果农的重视。果树一年四季都可进行修剪，但根据年周期的气候特点，果树修剪时期一般分为冬季（休眠期）修剪和夏季（生长期）修剪。

1. 冬季修剪

（1）时期　是指在果树落叶以后到萌芽以前，越冬休眠期进行的修剪，因此也叫休眠期修剪。优点是在这一时期，光合产物已经向下运输，进入大枝、主干及根系中储藏起来，修剪时养分损失少。严寒地区，可在严寒后进行，对于幼旺树，也可在萌芽期修剪，以削弱其生长势。实验表明，幼树在萌芽期修剪提高萌芽率$10\%\sim15\%$。

（2）冬季修剪的主要任务　因年龄、时期而定，各有侧重点。

① 幼树期间，主要是完成整形，骨架牢固，尽快扩大树冠。

② 初结果树，主要是培养稳定的结果枝组。

③ 盛果期树修剪主要是维持和复壮树势，更新结果枝组，调整花、叶芽比例。

2. 夏季修剪

夏季修剪又叫生长期修剪，是指树体从萌芽后到落叶前进行的修剪。主要是解决一些冬季修剪不易解决的问题，如对旺长树、徒长枝的处理，早春抹芽，夏季摘心等，以及扭梢、拉枝、拿枝等促花措施。

3. 修剪方法

（1）冬季修剪方法

① 短截　就是把一年生枝条剪去一部分，距芽上方$0.5\sim1.0$厘米，短截对全枝或全树来讲起削弱作用，但对剪口下芽抽生枝条起促进作用，可以扩大树冠，复壮树势。枝条短截后可以促进侧芽的萌发，分枝增多，新梢停

长晚，碳水化合物积累少，含氮、水分多。全树短截过多、过重，会造成膛内枝条密集，光照变差。旺树短截过多，常引起枝条徒长，影响成花、坐果。短截程度不同，反应也不同。一般短截越重，剪口下新梢生长越旺，短截轻则发枝多。总之，短截的反应是好芽发好枝。

② 疏间　将过密枝条或大枝从基部去掉的方法叫疏间。疏间一方面去掉了枝条，减少了制造养分的叶片，对全树和被疏间的大枝起削弱作用，减少树体的总生长量，且疏枝伤口越多，削弱伤口上部枝条生长的作用越大，对总体的生长削弱也越大；另一方面，由于疏枝使树体内的储藏营养集中使用，故也有加强现存枝条生长势的作用。

在扩冠期常用的疏间法主要有疏间直立枝留平斜枝、疏间强枝留弱枝、疏间弱枝留强枝、疏间轮生枝、疏间密挤枝等，以利于扩大树冠、平衡树势和提早结果。

疏间作用是，维持原来的树体结构，改善树冠内膛的光照条件，提高叶片光合效能，增加养分积累，有助于花芽形成和开花结果。

疏枝效果和原则是，对全树起削弱作用，从局部来讲，可削弱剪口、锯口以上附近枝条的势力，增强伤口以下枝条的势力。剪口、锯口越大、越多，这种作用越明显。从整体看，疏枝对全树的削弱作用的大小，要根据疏枝量和疏枝粗度而定。去强留弱或疏枝量越多，削弱作用越大；反之，去弱留强、去下留上则削弱作用小，要逐年进行，分批进行。

③ 回缩　对二年生以上的枝在分枝处将上部剪掉的方法叫回缩。此法一般能减少母枝总生长量，促进后部枝条生长和潜伏芽的萌发。回缩越重，对母枝生长抑制作用

越大，对后部枝条生长和潜伏芽萌发的促进作用越明显。在生长季节进行回缩，对生长和潜伏芽萌发的促进作用减小。回缩用于控制辅养枝、培养枝组、平衡树势、控制树高和树冠大小、降低株间交叉程度、骨干枝换头、弱树复壮等。另外，对串花枝回缩可以提高坐果率。

④ 长放　对一年生长枝不剪，任其自然发枝、延伸，叫长放或称为甩放、缓放。一般应用于处理幼树或旺枝，可使旺盛生长转变为中庸生长，增加枝量，缓和生长势，促进成花结果。长放平斜旺枝效果较好，长放直立旺枝时，必须压成平斜状才能取得较好的效果。为了多出枝，克服长放枝条下部光秃的现象，迅速缓和生长势，在长放枝上配合刻芽、多道环刻和拉枝等措施效果更好。生长旺的长枝经多年长放成为长放结果枝组后，要通过回缩修剪培养成为长轴的健壮枝组。生长较弱的树或枝进行长放，其表现是越放越弱，不易成花结果，并加速衰弱。

（2）夏季修剪的方法

① 花前复剪　就是在春季樱桃萌芽后至开花之前对树体进行的修剪。主要目的是通过疏除多余辅养枝、过密枝和细弱枝等，调整枝条、花芽的数量和比例，达到花芽数量适中、质量优良、分布均匀，以减少开花期树体营养消耗，提高坐果率，促进幼果发育，减少疏花、疏果工作量，壮树增产。

a. 适宜时期　花前复剪适宜在花芽萌动后至盛花前进行，最适宜时期是花芽膨大期，此时花芽显著膨大、现蕾，花序逐渐分离，花芽与叶芽容易准确辨别，进行花前复剪既准确可靠，又方便快捷。

b. 复剪对象　花前复剪的对象主要是盛果期密闭果园

大树以及发生冻害、雹灾、雪灾、水灾和落叶病的果园。

c. 技术要点 因树制宜，对盛果期大树，以疏除树冠内膛密生、交叉、细弱、直立旺长枝、树冠外围竞争枝、过密枝和主枝层间过渡辅养枝为主，对腋花芽枝多采用中短截。

② 别枝、拉枝和软化 在发芽前后，将一年生以上的直立长放旺枝，从基部向下或左右弯曲，别在其他枝下，叫别枝；若用绳等牵拉物下拉固定则为拉枝。二者都能起到增大分枝角度、控制枝条旺长及促进出枝的作用。

别枝和拉枝一般于 6～7 月份进行。主枝拉成 80°～90°，辅养枝拉成水平。拉枝有利于降低枝条的顶端优势，提高枝条中下部的萌芽率，增加枝量及中短枝的比例，解决内膛光照及缓和树势、促进花芽形成等作用。

软化即发芽后对较细的一、二年生直立长放枝，用手握住枝条自下而上多次移位并轻度折伤，使之向下或左右弯曲。也可在 6～8 月份对长新梢进行软化，加大角度，控制生长。软化能起到控制旺长和促发分枝的作用。

上述别枝、拉枝和软化等措施均可开张角度。

③ 摘心 即摘掉新梢顶端的生长点。

a. 作用机理 摘心去掉了顶端生长点和幼叶，使新梢内的 GA、生长素含量急剧下降，失去了调动营养的中心作用，失去了顶端优势，使同化产物、矿物质元素、水分的侧芽运输量增加，促进了侧芽的萌发和发育。同时摘心后，由于营养有所积累，因此，摘心后剩余部分叶片变大、变厚、光合能力提高，芽体饱满，枝条成熟快。

b. 摘心的效果及应用

● 摘心可以提高坐果率，促进果实生长和花芽分化，但必须在器官生长的临界期进行摘心才有效。樱桃新梢摘心，可明显提高坐果率，增大单果重。

• 摘心可以促进枝条组织成熟，基部芽体饱满，摘心时期可在新梢缓和生长期进行，在新梢停长前15天效果更明显，可以防止果树由于旺长造成的抽条，使果树安全越冬。

• 摘心可以促使二次梢的萌发，增加分枝级次，有利于加速整形，但只适用于树势旺盛的树，进行早摘心、重摘心，能达到目的。

• 摘心可以调节枝条生长势，樱桃树上对竞争枝进行早摘心，可以促进延长枝的生长，对要控制其生长的枝条，可采用早摘心。

④ 扭梢生长旺盛的新梢在半木质化时（5 月中下旬），在距基部 5 厘米左右处用手向下拧、转 90°～180°，使之由拧处变为下垂或平生。拧梢能起到控制新梢旺长、促进顶部花芽形成和培养小型结果枝组的作用。拧梢多用于樱桃壮幼树，但不宜过多采用，以免枝叶密集影响通风透光。

第三节　樱桃丰产树形

一、对丰产树形的要求

① 树冠紧凑，能在有效的空间有效地增加枝量和叶片面积系数，充分利用光能和地力，发挥果树的生产潜能。

② 能使整个生命周期中经济效益增加，达到早果、丰产、优质高效、寿命长的目的。

③ 树形要适应当地的自然条件，适应市场对果品质量的要求。

④ 便于果园管理，提高劳动生产率。

二、树体结构因素分析

构成树体骨架的因素有树体大小、冠形、干高、骨干枝的延伸方向和数量。

1. 树体大小

（1）树体大的优缺点　树体大可充分利用空间，立体结果，经济寿命长；但成形慢，成形后，枝叶相互遮阴严重，无效空间加大，产量和品质下降，操作费工。

（2）树体小的优缺点　树体小可以密植，提高早期土地利用率，成形快，冠内光照好，果实品质好；但经济寿命短。

2. 冠形

现在栽植的樱桃树形主要有主干疏散分层形、自由纺锤形、自然圆头形、自然开心形等。

3. 干高

干高分为高、中、低三种，高干 0.9～1.1 米，中干 0.7～0.9 米，低干 55～70 厘米。低干是现在发展的趋势。低干缩短了根系与树叶的距离，树干养分消耗少，增粗快，枝叶多，树势强，有利于树体管理，有利于防风，干旱地区利于积雪保湿。

现在生产上一般采取幼树定干时低一些。随着树龄的增加，逐渐去除下层枝，使树干高度逐渐增加，这种方法叫"提干"（开心形除外）。栽培生产中应用时效果很好。

4. 骨干枝数量

主枝和侧枝统称为骨干枝，是养分运输、扩大树冠的器官。原则上在能够满足空间的前提下，骨干枝越少越好，但幼树期大枝过少，短时间内很难占满空间，早期光能利用率太低，到成龄大树时，骨干枝过多，则会影响通风透光。因此，幼树整形时，树小时可多留辅养枝，树大时再疏去。

　　5. 主枝的分枝角度

　　主枝分枝角度的大小对结果的早晚、产量、品质有很大影响，是整形的关键之一。

　　角度过小，表现出枝条生长直立，顶端优势强，易造成上强下弱势力，枝量小，树冠郁闭，不易形成花芽，易落果，早期产量低，后期树冠下部易光秃，同时角度太小易形成"夹皮角"，负载量过大时易劈裂。

　　角度过大，主枝生长势弱，树冠扩大慢，但光照好，易成花，早期产量高，树体易早衰。

三、与整形修剪有关的特性

　　1. 幼龄期生长势很强，顶端优势明显

　　樱桃幼树生长快，萌芽和成枝力强，生长量很大，树冠扩大很快。旺盛枝条生长直立，顶端优势明显，外围长枝不论短截与否，顶部易再抽生出多个长枝，而其下大多数为短枝，很少有中等枝，自然生长则形成强枝和弱枝的两极分化，强枝不断向高处生长，争夺阳光和养分；下部2～3年生短枝会迅速死亡，呈现下部光秃的局面，而这些短枝正是最容易转化为结果枝的枝条。幼龄期的樱桃树削弱顶端优势，是整形修剪的主要任务。

　　2. 内膛结果，对光照要求高

甜樱桃以内膛短果枝、花束枝结果为主，要求内膛光照充足，花芽分化好，结果枝短而粗壮，才能丰产、稳产。但由于外围枝生长旺盛，特别是在短截过多的情况下，外围枝量大，枝条密集，形成上强下弱，内膛郁闭，光照不足，使内部小枝、结果枝组衰弱、枯死，内膛空虚。控制外围枝量，开张角度，保证内膛光照，是结果期整形修剪的重要措施。

3. 结果枝上花芽是纯花芽，顶芽是叶芽

甜樱桃结果枝上的花芽是纯花芽，开花结果后不再发芽。在短截修剪时，不能把剪口芽留在花芽上，否则这种无芽枝上结的果营养差，果个小，品质差，结果以后会死亡，变成干桩。所以在短截结果枝、回缩结果枝组时，要注意顶端必须是叶芽。

4. 伤口愈合能力较弱，剪口容易向下干枯

樱桃伤口愈合时间长，容易流胶，引起伤口溃烂，在修剪时不宜大拉大砍，形成大伤口。樱桃枝条组织松软，剪口易失水，形成干桩，使剪口留的芽枯死，修剪时期，除幼树需要缠塑料条的地方要早剪外，其他冬季不抽条的地区要晚剪，一般在芽萌发以前进行。这时修剪，剪口不会干缩，剪口芽能很快萌发。还要及时利用摘心来代替冬季短截，注重夏季修剪，减少冬季修剪量。

第四节　主要树形和整形过程

一、自然开心形

1. 树形特点（图 7-1）

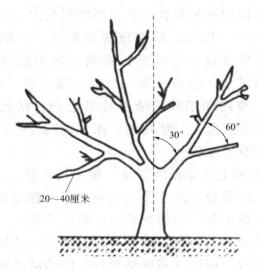

图 7-1　自然开心形

这种树形不具中心领导干，干高 50～70 厘米，全树主枝 3～4 个，开张角度 30°左右，各主枝上下间隔至少 30 厘米。每主枝上着生 6～7 个侧枝，开张角度 50°～60°。在各级骨干枝上配备各种类型结果枝组。

该树形优点是修剪量少，成形快，结果早，产量高，树姿开张，冠内通风透光条件好，结果品质好。不足处是易发生树冠郁闭、偏冠现象，大量结果后，各主枝邻接处易发生劈裂。

2. 整形过程

第 1 年春季，定干高度 70～90 厘米，留 3～4 个不同方向生长的主枝，当主枝长到 40～50 厘米时摘心，使主枝分出侧枝。第 2 年冬季修剪时，如果有直立的中心干则剪除，选定主枝和侧枝，留 40 厘米左右短截，生长季每个侧枝留延长枝头外，其他枝留 15 厘米摘心。通过连续摘心来控制生长，促进形成结果枝。第 3 年春季发芽之前，再调整角度，侧枝不够的再进行短截，侧枝已够，不再短截。夏季继续通过摘心来培养结果枝组。

二、主干疏层形（疏散分层形）

本树形主要适用于大、中冠稀植的樱桃树园，树高 4.5 米左右。

1. 树体结构

干高 0.7 米左右，主枝在中心干上成层分布。第一层 3 个，第二层 2 个，第三层无或 1 个，上下两层主枝相互错开，层间距 100～120 厘米，主枝基角 60°～70°。各主枝上着生 1～2 个侧枝，主、侧枝上着生结果枝组。

2. 整形操作步骤

（1）定植当年　定干高度一般为 80～100 厘米，风速较高地区可降至 60～80 厘米。如是春天定植，成活后需马上定干；如是秋天定植，亦需定干，只是截留高度可略高些，以免上部芽体风干、抽条；待春季萌芽前再短截至预定高度。整形带内要求 5～7 个饱满芽，以确保发出足够数量的新梢，供主枝选择之用，也可以对着生位置适当的芽进行"目伤"，以促使其萌发。对于直立生长的品种，需于新梢停止生长后进行拉枝固定，使其与中心干成 60°～70°角即可。

（2）第 2 年冬剪　一般壮苗定干后可抽生 5～6 个健壮长梢，对顶部壮枝于 70～80 厘米处短截，以培养中心领导干；对下部枝条选 3 个或 4 个着生部位好、轮生的枝条留作主枝，于 60 厘米左右处短截以促发侧枝，要求以壮芽带头以利尽快成形（第一层主枝），对主枝基角尚未达到 60°~70°者，需进行拉枝；其余枝条尽量不疏剪，应拉平（80°以上角度）留作辅养枝使用，并长放促花以增加早期产量。实际操作中对各主枝的短截长度可因枝条的生长势及栽植密度灵活掌握，但一般以不低于 50 厘米为宜。

（3）第 3 年冬剪　继续对中心干进行短截，长度以 55 厘米为宜；第一层主枝延长头的短截长度以 50~60 厘米为宜，并以壮芽带头，其作用在于促发分枝，培养第二侧枝；并增加枝叶生长量，以利树冠早期成形。中心干上的一年生分枝，原则上不再短截，可用拉枝的方法延缓其生长势，促进花芽形成。

（4）第 4 年冬剪　原则上以长放为主。对上部新梢选择两个向行间延伸者于 40 厘米左右处短截，以培养第二层主枝；对第一层主枝的延长头，弱者可进行适度短截，壮者宜长放。

（5）第 5、6 年冬剪　对一、二层主枝间的大枝，作为临时辅养枝，逐年疏除，完成整形过程。

三、自然圆头形

本树形主要适用于中、小冠密植的樱桃园，树高 4 米。

1. 树体结构

主干高度 60~80 厘米，主枝 3~4 个，夹角 90°~120°。各主枝的间隔距离为 10~20 厘米，主枝基角 50°左右，下部主枝角度要大。每主枝上着生侧枝 1~2 个，第一侧枝距基部 60 厘米以上，第二侧枝距第一侧枝 50 厘米以上。主、侧枝上配置结果枝组。

2. 整形过程

（1）第 1 年　苗木定植后，定干 80～90 厘米，剪口下有 5～7 个饱满芽。60 厘米以下萌芽全部疏除。9 月下旬，选择 3～4 个生长良好、健壮的新梢作主枝，拉枝开角至 60°左右，在树冠周围均匀分布，除中心干延长枝外，剩余其他枝全部拉平。

（2）第 2 年　春天萌芽前，选好的 3～4 个主枝留 50 厘米左右，选饱满芽处进行短截，促发新梢，作为将来的主枝延长枝和侧枝培养。目的是扩大树冠，对中心干甩放不剪，任其自然生长，拉平的其他枝条可刻芽促发多个新梢，作为下一年的结果枝。

（3）第 3 年　春天萌芽前，对选好的 3～4 个主枝的延长枝留 60 厘米左右，选饱满芽处进行短截，促发新梢，继续扩大树冠，将第二枝疏除，第三枝条可以作为第一侧枝来培养，对中心干上的健壮枝条疏除，保留中庸和偏弱的枝条，目的是控制其生长。

（4）第 4、5 年　春天萌芽前，对选好的 3～4 个主枝的延长枝不再修剪，将第二枝疏除，第三枝条可以作为第二侧枝来培养，对中心干可进行疏除，完成整形过程。

四、纺锤形

本树形主要适用于密植的樱桃园，树高 3～3.2 米左右（图 7-2）。

1. 树形标准

（1）树干高度 55～65 厘米，树高 3.0～3.5 米。

（2）中心领导干直立粗壮，保持绝对优势。

（3）全树共选留 10～12 个主枝，不分层，在中心领

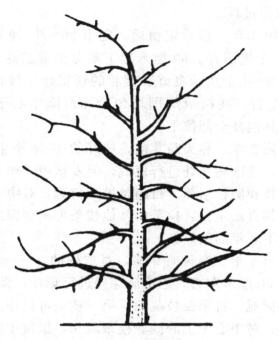

图 7-2　纺锤形

导干上错落着生。

（4）主枝单轴延长，其上不配备大的侧枝，直接着生中、小结果枝组。

（5）主枝粗度和同部位中心干粗度比为 0.4∶1。

（6）重叠主枝要求最少间隔距离在 90 厘米以上。

（7）基部 5 主枝的拉枝角度为 75°左右，中部 5 主枝的拉枝角度为 85°，上部 5 主枝的拉枝角度为 90°以上。

（8）整个树体看上去要求像纺锤一样，下大上小，枝条外稀里密，骨架牢固，结构紧凑，通风透光。

2. 成形过程

（1）第 1 年　定植后定干，定干高度为 80～85 厘米。

剪口下有 5～7 个饱满芽，55 厘米以下萌芽全部剪除。

（2）第 2 年 萌芽前修剪，中心干延长枝留 60 厘米进行短截，下部选 3～4 个方位、生长势一致的侧枝进行拉枝，角度为 80°，剩余枝条一律不剪，全部拉平，作为将来的结果母枝来培养。

（3）第 3 年 萌芽前修剪，中心干延长枝留 50 厘米进行短截，下部再选 3～4 个方位、生长势一致的侧枝进行拉枝，和上一年选的主枝错开，角度为 85°，剩余枝条一律不剪，全部拉平，作为将来的辅养枝来培养。

（4）第 4 年 萌芽前修剪，中心干延长枝长放不剪，下部再选 3～4 个方位、生长势一致的侧枝进行拉枝，和上一年选的主枝错开，角度为 90°，剩余枝条一律不剪，全部拉平，作为将来的辅养枝来培养。

（5）第 5 年 春季修剪时，逐年去除中心领导干上的原来拉平的辅养大枝，中心干在 3.0 米左右出剪除，又叫"落头"。整形过程完成。

第五节　不同树龄樱桃树的修剪

一、幼龄期树的整形修剪

幼龄期是指从定植成活后到开花结果前这段时期，一般 1～4 年。这一阶段的主要任务是培养好树体骨架，为将来丰产打好基础。

幼龄期树修剪的原则是轻剪、少疏、多留枝。枝叶量越大，制造的有机养分越多，成形越快，进入结果期越早。

1. 完成树冠整形

在建园时，往往苗木质量不高，或北方冬季抽条等原因，幼树生长不快，整形期间没有培养出树形。对于这样的树，要继续通过冬季修剪，对中心干或主枝进行中截，培养新的主枝和侧枝。在主枝之间生长不平衡时，生长较旺的主枝角度要拉大一些，并要多清除一些发育枝，特别是通过夏季修剪进行调整，生长差的主枝角度适当拉小一些，多留发育枝，冬季进行中截，多发枝条，促进弱枝长强。

2. 扩大树冠，增加结果部位

主要是通过开张角度扩大树冠，使树势由旺变为中庸，为高产优质打基础。

3. 培养健壮的结果枝组

结果枝组可分两类，即延伸型枝组和分枝型枝组。

(1) **延伸型枝组** 枝组上有延伸型中轴，其长度约50～100厘米，中轴上没有分枝着生多年生花束状果枝和短果枝。这类枝组主要通过大枝缓放，改变角度，对其先端强枝进行摘心和疏除。对中下部的多数短枝缓放至第2年，形成花束状果枝或短果枝，第3年开花结果。那翁、芝罘红、红蜜、红艳、红灯等多数品种适宜培养这类枝组。

(2) **分枝型枝组** 是一类枝轴有较多、较大分枝的枝组，一般枝轴短，分枝级次较多。这类枝组多数对中长枝进行短截，然后有截、有放、有疏，结合夏季摘心培养而成。这类枝组上除有花束状果枝和短果枝外，以中、长果枝为主，混合枝也有一定的数量，枝组本身的更新能力较强。大紫、紫樱桃等品种适宜培养一部分这类枝组。

二、盛果期树的修剪

在正常管理和修剪措施下，幼龄期后经过 2～3 年的初果期，到 6～8 年生时便进入盛果期。进入盛果期后，随着树冠的扩大、枝叶量和产量的增加，树势趋于缓和，营养生长和生殖生长基本平衡。此期修剪的主要任务是保持树势健壮，维持结果枝组的结果能力，延长其经济寿命。

甜樱桃大量结果之后，随着树龄的增长，树势和结果枝组逐渐衰弱，结果部位容易外移。此时除应加强土肥水管理外，在修剪上应采取疏枝回缩和更新的修剪方法，维持树体长势中庸。

1. 保持中庸、健壮树势

盛果期壮树有以下几个主要指标：

（1）外围新梢生长量为 30 厘米左右，过长则过旺，过短则过弱，枝条充实，芽饱满。

（2）多数花束状枝或短果枝上有 6～8 片莲座状叶，叶面积较大，叶片厚，叶色深绿，花芽饱满。

（3）全树枝条长势均衡，没有局部旺长或过弱的表现。

在修剪上要防止多头延伸，稳定枝量和花芽数量，对于骨干枝头是放还是缩，主要看后部的长势和结果能力。如果结果枝组和结果枝长势好，结果能力强，则外围选留壮枝继续延伸；如果结果枝组和结果枝长势弱，则外围枝要选留偏弱的枝延伸。对局部旺长部位要清除旺枝，去强留弱，去直留平，抑制生长。

2. 维持合理的群体结构和树体结构

要保持树体一定的大小，使果园覆盖率稳定在 75% 左右，不超过 80%。这时对骨干枝头要缩放结合，对可能出现扰乱树形的枝条要及时剪除，要保持开张角度，使内膛通风透光。

3. 维持结果枝组和结果枝

延伸型枝组只要其中轴上多外生短枝和花束状果枝莲座叶发达，叶片较大，叶腋间花芽饱满，坐果率高，果实发育良好，即可连续结果。对这种枝组可采用中庸枝带头，以保持稳定的枝芽量。当枝轴上的多年生短果枝和花束状果枝叶数减少，叶片变小，叶腋间的花芽也变小，坐果率下降时，要及时轻回缩，选偏弱枝带头或"闷顶"不留枝头，以维持和巩固中后部的结果枝。

分枝型枝组要根据中、下部结果枝的结果能力，经常在枝组先端 2～3 年枝段处缩剪，促生分枝，增强长势，用缩、放的办法，维持和复壮枝组的生长结果能力。

三、衰老期树的修剪

樱桃树进入衰老期后，生长势明显下降，产量显著减少，果实品质亦差。这时应有计划地分年度进行更新复壮。利用樱桃树潜伏芽寿命长、易萌发的特点，分批在采收后回缩大枝。大枝回缩后，一般在伤口下部萌发几根萌条，选留方向和角度适宜的 1～2 个萌条来代替原来衰弱的骨干枝，对其余萌条进行处理，过密处及早抹掉部分萌条，促进更新萌条生长。

对保留的萌条长至 20 厘米时进行摘心，促其分枝，及早恢复树势和产量。如果有的骨干枝仅上部衰弱，中、下部有较强的分枝时，也可回缩到较强分枝上进行更新。

更新的第 2 年，可根据树势强弱，以缓放为主，适当短截选留的骨干枝，使树势很快恢复。

第六节　整形修剪技术的创新点

（一）注意调节各部位生长势之间的平衡关系

每一株树，都由许多大枝和小枝、粗枝和细枝、壮枝和弱枝组成，而且有一定的高度，因此，我们在进行修剪时，要特别注意调节树体枝、条之间生长势的平衡关系，避免形成偏冠、结构失调、树形改变、结果部位外移、内膛秃裸等现象。要从以下三个方面入手：

1. 上下平衡

在同一株树上，上下都有枝条，但由于上部的枝条光照充足，通风透光条件好，枝龄小，加之顶端优势的影响，生长势会越来越强；而下部的枝条，光照不足，开张角度大，枝龄大，生长势会越来越弱，如果修剪时不注意调节这些问题，久而久之，会造成上强下弱树势，结果部位上移，出现上大下小现象，给果树管理造成很大困难，果实品质和产量下降，严重时会影响果树的寿命。整形修剪时，一定要采取控上促下，抑制上部、扶持下部，上小下大，上稀下密的修剪方法和原则，达到树势上下平衡、上下结果、通风透光、延长树体寿命、提高产量和品质的目的。

2. 里外平衡

生长在同一个大枝上的枝条，有里外之分。内部枝条见光不足，结果早，枝条年龄大，生长势逐渐衰弱；外部枝条见光好，有顶端优势，枝龄小，没有结果，生长势越来越强，如果不加以控制，任其发展，会造成内膛结果枝干枯死亡，结果部位外移，外部枝条过多、过密，造成果园郁闭。修剪时，要注意外部枝条去强留弱，去大留小，多疏枝，少长放；内部枝去弱留强，少疏多留，及时更新复壮结果枝组，达到外稀里密、里外结果、通风透光、树冠紧凑的目的。

3. 相邻平衡

中心领导干上分布的主枝较多，开张角度有大有小，生长势有强有弱，粗度差异大。如果任其生长，结果会造成大吃小、强欺弱、高压低、粗挤细的现象，影响树体均衡生长，造成树干偏移、偏冠、倒伏、郁闭等不良现象，给管理带来很大的麻烦。修剪时，要注意及时解决这一问题，通过控制每个主枝上枝条的数量和主枝的角度两个方面，来达到相邻主枝之间的平衡关系，使其尽量一致或接近，达到一种动态的平衡关系。具体做法是粗枝多疏枝、细枝多留枝；壮枝开角度、多留果，弱枝抬角度、少留果。坚持常年调整，保持相邻主枝平衡，树冠整齐一致，每个单株占地面积相同，大小、高矮一致，便于管理，为丰产、稳产、优质打下牢固的骨架基础。

(二) 整形与修剪技术水平没有最高，只有更高

我们在果园栽植的每一棵树，在其生长、发育、结果过程中，与大自然提供的环境条件和人类供给的条件密不可分。环境因素很多，也很复杂，包括土壤质地、肥力、土层厚薄、温度高低、光照强弱、空气湿度、降雨量、海拔高度、灌排水条件、灾害天气等。人为影响因素也很多，包括施肥量、施肥种类、要求产量高低、果实大小、色泽、栽植密度等。上述因素，都对整形和修剪方案的制

订、修剪效果的好坏、修剪的正确与否等产生直接或间接的影响，而且这些影响有时当年就能表现出来，有些影响要几年甚至多年以后才能表现出来。举一个例子说明修剪的复杂性和多变性，我们国家在 20 世纪 60 年代末期，在北京南郊的一个丰产苹果园举行果树冬季修剪比武大赛，要求有苹果树栽植的省、市各派两个修剪高手参加，每个人修剪 5 棵树，1 年后，根据树体当年的生长情况和产量、品质等多方面的表现，综合打分，结果是北京选手得了第一和第二名，其他各地选手都不及格。难道其他的选手修剪技术水平差吗？绝对不是，而是他们不了解北京的气候条件和管理方法，只是照搬照抄各自当地的修剪方法，因此导致这一结果。这个例子充分说明，果树的修剪方法必须和当地的环境条件及人为管理因素等联系起来，综合运用，才能达到理想的效果。所以说，修剪技术没有最高，而是必须充分考虑多方面的因素对果树产生的影响，才能制定出更合理的修剪方法。不要总迷信别人修剪技术高，我们常说"谁的树谁会剪"就是这个道理。

（三）修剪不是万能的

果树的科学修剪只是达到果树管理丰产、优质和高效益的一个方面，不要片面夸大修剪的作用，把修剪想得很神秘，搞得很复杂。有些人片面地认为，修剪搞好了，就所有问题都解决了，修剪不好，其他管理都没有用，这是完全错误的想法。只有把科学的土、肥、水管理，合理的花果管理，综合的病虫害防治等方面的工作和合理的修剪技术有机地结合起来，才能真正把果树管好。一好不算好，很多好加起来，才是最好。对于果树修剪来说，就是这个道理。

（四）果树修剪一年四季都可以进行修剪

果树修剪是指果树地上部一切技术措施的统称，包括冬季修剪的短截、疏枝、回缩、长放，也包括春季的花前复剪，夏季的扭梢、摘心、环剥，秋季的拉枝、捋枝等技术措施。有些地方的果农只搞冬季修剪，而生长季节让果树随便长，到了第 2 年冬季又把新长的枝条大部分剪下来。这种做法的错误在于一方面影响了产量和品质（把大量光合产物白白浪费了，没有变成花芽和果实）；另一方面浪费了大量的人力和财力（买肥、施肥）。当前最先进的果树修剪技术是加强生长季节的修剪工作，冬季修剪作为补充。如果能做到冬季不用修剪，则技术水平才高。果树不同时期的修剪要点可以总结成 4 句话：冬季调结构（去大枝），春季调花量（花前复剪），夏季调光照（去徒长枝、扭梢、摘心），秋季调角度（拉枝、拿枝）。

第八章　花果管理

第一节　提高坐果率

中国樱桃和酸樱桃自花授粉结实率很高，在生产中，无需特别配置授粉品种和人工授粉。而甜樱桃的大部分品种都存在明显的自花不实现象，在建园时要特别注意搭配有亲和力的授粉品种，并进行花期放蜂或人工授粉。

一、促花技术

通过刻芽、环剥、拉枝、重摘心等栽培技术措施控制营养生长，促进成花，特别是对4～5年生的强旺树应控冠促花，提高坐果率。

1. 刻芽

刻芽的适宜时期为萌芽前期（3月8～25日）。用小钢锯条在芽上方0.2～0.5厘米处刻，横锯半圆，深达木质部为宜，过浅对萌芽影响不大，过深愈合慢，易流胶，愈后遇风易折断。

2. 环剥

时间自5月6日始，至5月25日结束。环剥过晚易流胶，成花效果差；过早易造成树势衰弱，成花后坐果率低。环剥的宽度应小于0.5厘米，以0.1～0.2厘米为宜。

3. 拉枝

拉枝适宜的时间为8月中旬至9月中旬或春季树液流动后至发芽前（发芽后容易把树芽碰掉）。拉枝适宜角度为90°，拉枝既能缓和树势，促发短枝，又能通风透光，促进成花。

4. 重摘心

自由纺锤形整枝的甜樱桃，在幼旺树上对拉平的一次枝上出现的长条进行重摘心，控制枝条旺长，增加分枝级次和枝量，促进枝类转化，不仅能提早结果，而且能够减轻营养竞争，防止后部的叶丛枝枯死。

方法是，当拉平、刻芽后的一次枝上长出长条时，于5月上中旬开始进行重摘心，留长5～10厘米；留下的部分顶部芽继续萌发，待其长到6～7片叶时，留3～4片叶再摘1次。以后留3～4片叶连续摘心数次，直至8月下旬结束。

5. 应用多效唑

对幼旺樱桃树施用多效唑控长促花。

喷布次数视树体生长发育状况而定，生长旺的可喷1～3次，即从5月中旬开始，对树冠外围新梢喷布1次150～200倍液，隔半月再喷1次。

土壤首次施用，可在春季3月中下旬进行，也可在秋季9～10月份进行，一般株施有效成分为15%多效唑3～8克，可视树冠大小而定。施用部位在树冠外围新梢垂直投影处，开环状沟施。

二、花期授粉

1. 人工授粉

当前樱桃生产上采用的授粉器是在不需采粉的情况下进行人工授粉的一种比较简单的方法。可用柔软的家禽羽毛做成一毛掸，也可用市售的鸡毛掸进行。用这种掸子在授粉树及主栽品种树的花朵上轻扫，便可达到传播花粉的目的。

甜樱桃柱头接受花粉的能力只有 4～5 天，人工授粉在盛花后愈早愈好，必须在 3～4 天内完成，为保证不同时间开的花都能及时授粉，人工授粉应反复进行 3～4 次。采取这种方法授粉，花朵坐果率可提高 10%～20%。

2. 花期放蜂

花期放蜂是我国甜樱桃产区采用的主要辅助授粉方法，放蜂的种类主要有角额壁蜂和蜜蜂。

壁蜂春季活动早，适应能力强，活跃灵敏，访花率高，繁育、释放方便，是甜樱桃园访花授粉昆虫中的优良蜂种，一般在果树开花前 5～7 天释放。蜜蜂出巢活动的气温要求比壁蜂高，对开花期较早的大樱桃来说，授粉效果不如壁蜂。

在放蜂期间，禁止喷洒杀虫剂，以防影响昆虫的活动和危害其生命。

在花期前后喷施 0.2%～0.3% 的尿素液或低浓度的赤霉素，有助于授粉受精，提高坐果率。

第二节　疏花疏果

樱桃的花量大，果又小，不能像苹果、梨那样进行疏花疏果。

根据樱桃的特点，结合花前和花期复剪，疏去树冠内膛细弱枝上及多年生花束状结果枝上的弱质花、畸形花，以改善保留花的营养条件，有利于坐果和果实发育。

疏果一般是在樱桃生理落果后进行，疏果的程度依树体长势和坐果情况确定。一般每个花束状果枝留 3～4 个果，最多 4～5 个。疏果时要把小果、畸形果和着色不良的下垂果疏除。张宗坤等（1996）的试验表明，疏果后株产提高 12.0%～22.7%，单果重增加 3.8%～15.0%，花芽数量多，发育质量较好。疏果配合新梢摘心等措施，效果更明显，株产提高 44.9%，单果重增加 48.3%，花芽数量多，发育质量好。

第三节　预防和减轻裂果

裂果是果实接近成熟时，久旱遇雨或突然浇水，由于果皮吸收水分增加膨压或果肉和果皮生长速度不一致而造成果皮破裂的一种生理障害。裂果严重降低其商品价值，应采取措施减轻和防止裂果。

1. 注意品种选择

裂果多发生在果实成熟以前，成熟越晚的品种越易遭遇雨天发生裂果。选择成熟期较早的品种如早红宝石、抉择、维卡、芝罘红、红灯、大紫等，或选择抗裂果的品种如雷尼、拉宾斯、萨米脱等。

2. 加强果实发育后期水分的管理

防止土壤忽干忽湿，保持土壤含水量为田间最大持水量的 60%～80%，要浇小水、勤浇水。

3. 采用防雨篷防止裂果

防雨篷用塑料薄膜做成，采用防雨篷保护性栽培，因见光不良，果实要晚熟 2～3 天。采用这种装置，可以减轻裂果和灰星病的发生，能适时采收，提高品质。

第四节　预防鸟害

鸟害也是樱桃栽培上的一大危害。樱桃成熟时，色泽艳丽，口味甘甜，特别是在山区靠近成片树林的樱桃园，很易遭受鸟害。

采用人工驱鸟的方法，既费工，效果又差。

国外常采用各种方法防止鸟害。比如美国采取的措施，一是在采收前 7 天树上喷灭梭威杀虫剂，忌避害鸟；二是采用害鸟惨叫的录音磁带，扩音播放吓跑害鸟；三是用高频警报装置干扰鸟类听觉系统。日本用塑料制作猛禽像挂在树上，并在旁边放一模仿猛禽叫的太阳能电池录音磁带，日出后开始警叫，日落时停止，来吓跑害鸟。

我国果农则采用在树上挂稻草人、气球、放爆竹和防鸟网等办法来惊吓害鸟。但这些办法最初对防鸟很有效，时间长了则收效甚微。

日本目前采用架设防鸟网的方法把树保护起来，效果好而持久。

第五节　果实采收

一、采收

1. 成熟期

通过摘取少量样品鉴定该品种的风味、大小和着色情况来确定。在果实八九成熟时开始进行采摘。

2. 采收方法

采果时用拇指与食指捏住樱桃果柄，连果柄一起摘下，不可将果柄留在树上，也不可将果皮、果叶带下。盛果篮宜小，以 5 千克装为宜，要坚固，且用纸铺好，以防碰伤果皮。高处果实采摘利用四腿采果梯，不可上树采摘。

3. 采收注意事项

（1）根据果实成熟度分 2～3 次进行采摘，第 1、2 次按成熟情况采摘，第 3 次清园。

（2）采摘下的樱桃要存放在园中干净阴凉处，避免强光照射。在园中进行初选，将病果、僵果、虫蛀果及过熟的腐烂果等剔除，再运到包装厂进行分选包装。樱桃不宜长时间储存，短期储存宜放于空调冷库中，长途运输要采用－1～1℃低温保鲜措施。

（3）采收过程中应防止一切机械伤害，如指甲伤、碰伤、擦伤、压伤等。

（4）采收时要轻拿轻放，采果用的筐（篓）或箱内应垫铺纸等柔软物。

二、包装、运输

1. 包装

樱桃包装宜小，一件 2～5 千克，采用木质或纸质材料。

2. 运输

长途运输樱桃果实应具备以下条件：

（1）采收成熟度在八九成熟。

（2）采收后在 1 小时内将果实预冷至 4℃，利用保温冷藏箱运输。储运中樱桃的温度保持在－1～1℃。

第九章　樱桃病虫害防治技术

第一节　果树病害的发生与侵染

一、果树病害的发生

1. 发生原因

能够引起果树病害的因素可分为生物因素和非生物因素两大类。

（1）生物因素　生物性病原主要有真菌、细菌、病毒和类病毒、线虫、寄生性种子植物五大类。其中真菌和细菌统称为病原菌。病原生物因素导致的病害称为传（侵）染性病害。

（2）非生物因素　包括极端温度（温度过高或过低）、极端光照（日照不足或过强）、极端土壤水分、营养物质的缺乏或过多、空气中有害气体、土壤过酸或过碱、缺素或过剩、农药使用不当、化肥使用不当和植物生长调节剂使用过多等。非生物因素导致的病害称为非传（侵）染性病害，又称生理性病害。

2. 果树发病的条件

病害的发生需要病原、寄主和环境条件的协同作用。

环境条件本身可引起非传染性病害，同时又是传染性病害的重要诱因，非传染性病害降低寄主植物的生活力，促进传染性病害的发生；传染性病害也削弱寄主植物对非传染性病害的抵抗力，促进非传染性病害的发生。

二、果树病害的病状

果树病害的病状主要分为变色、坏死、腐烂、萎蔫、畸形5个类型。

1. 变色

植物生病后局部或全株失去正常的颜色称为变色。变色主要由于叶绿素或叶绿体受到抑制或破坏，色素比例失调造成的。变色主要发生在叶片、花及果实上。

（1）褪绿　整个叶片或其一部分均匀地变色。由于叶绿素的减少而使叶片表现为浅绿色。

（2）黄化　当叶绿素的量减少到一定程度就表现为黄化。

（3）紫叶或红叶　整个或部分叶片变为紫色或红色。

（4）花叶　叶片颜色不均匀变化，界限较明显，呈绿色与黄色或黄白色相间的杂色叶片。

（5）花脸　果实上颜色不正常变化时，多形成花脸。

2. 坏死

器官局部细胞组织死亡，仍可分辨原有组织的轮廓。

（1）斑点（叶斑）　坏死部分比较局限，轮廓清晰，有比较固定的形状和大小。据坏死斑点形状，分为圆斑、角斑、条斑、环斑、轮纹斑、不规则形斑等；根据坏死斑点颜色，分为灰斑、褐斑、黑斑、黄斑、红斑、锈斑等。

（2）叶枯　坏死区没有固定的形状和大小，可蔓延至全叶。

（3）叶烧　叶尖和叶缘等部位易枯死。

（4）炭疽　叶片和果实局部坏死，病部凹陷，上面常有小黑点。

（5）疮痂和溃疡　病斑表面粗糙甚至木栓化。病部较浅，中部稍突起的称为疮痂；病部较深（如在叶上常穿透叶片正反面），中部稍凹陷，周围组织增生和木栓化的称为溃疡。

（6）顶死（梢枯）　木本植物枝条从顶端向下枯死。

（7）立枯和猝倒　立枯和猝倒主要发生在幼苗期，幼苗近土表的茎组织坏死。整株直立枯死的称为立枯；突然倒伏死亡的称为猝倒。

3. 腐烂

植物器官大面积坏死崩溃，看不出原有组织的轮廓。果树的根、茎、叶、花、果都可发生腐烂，幼嫩或多肉组织则更容易发生。

（1）干腐　细胞坏死所致。腐烂发生较慢或病组织含水量低，水分可以及时挥发。

（2）湿腐　细胞坏死所致。腐烂发生较快或病组织含水量高，水分不能及时挥发。

（3）软腐　胞间层果胶溶化，细胞离析，消解。

（4）流胶　局部受害流出细胞组织分解产物。

根据腐烂发生的部位，可分为根腐、茎（干）腐、果腐、花腐、叶腐等。

4. 萎蔫

植物地上部分因得不到足够的水分，细胞失去正常的膨压而萎垂枯死。病害所致的萎蔫原因有水分的吸收和输导机能受到破坏，如根部坏死腐烂、茎基部坏死腐烂、导管堵塞或丧失输水机能等。水分散失过快所致，如高温或气孔不正常开放加快蒸腾作用也可导致萎蔫。

5. 畸形

果树的外部形态因病而呈现的不正常表现称为"畸形"。果树病害的畸形主要有丛枝、扁枝、发根、皱缩、卷叶、缩叶、瘤肿、纤叶、小叶、缩果等。

三、果树病害的病症

病症种类很多，见表 9-1。

表 9-1　病症种类

病症类型	病原生物种类				
	真菌	细菌	病毒	线虫	寄生性种子植物
1. 粉状物	＋	－	－	－	－
2. 霉状物	＋	－	－	－	－
3. 粒状物	＋	－	－	＋	－
4. 点状物	＋	－	－	＋	－
5. 索状物	＋	－	－	－	＋
6. 脓状物	－	＋	－	－	－

注："＋"表示有，"－"表示无。

1. 粉状物

病原真菌在病部表面呈现出的各种粉状结构，常见的有白粉状物、红粉状物等。

2. 霉状物

病原真菌在病部表面呈现出的各种霉状物，常见的有霜霉、黑霉、灰霉、青霉、绵霉等。

3. 粒状物

病原真菌附着在病部表面的球形或近球形颗粒状结构，多为黑褐色。

4. 点状物

病原真菌从病部表皮下生长出来的黑褐色至黑色的小点状结构，突破或不突破表皮。

5. 索状物

病原真菌附着在病部表面的绳索状结构，颜色变化较大。

6. 角状物及丝状物

从点状物上长出来的角状或丝状结构。单生或丛生，多为黄色至黄褐色，如各种果树的腐烂病等。

7. 伞状物及马蹄状物

病原真菌从病根或病枝干上长出的伞状或马蹄状结构，常有多种颜色，如果树根朽病、木腐病等

8. 管状物

从病斑上生出的长5～6毫米的黄褐色细管状结构。

9. 脓状物

从病斑内部溢出的病原物黏液。有的为细菌病害的特有病征，称为"溢脓"或"菌脓"，干燥后呈胶状颗粒；有的是真菌孢子与胶体物质的混合物，常从点状物上溢出，呈黏液状，多为灰白色和粉红色，如各种果树的炭疽病（粉红色）等。

四、病害侵染过程

侵染过程是植物个体遭受病原物侵染后的发病过程，包括病原物与寄主植物可侵染部位接触，侵入寄主植物，在植物体内繁殖和扩展，发生致病作用，显示病害症状的过程，称病程。

病程可分为接触期、侵入期、潜育期和发病期四个

时期。

1. 接触期

接触期是病原物与寄主接触，或到达能够受到寄主外渗物质影响的根围或叶围后，向侵入部位生长或运动，形成某种侵入结构的一段时间。

真菌孢子、菌丝、细菌细胞、病毒粒体、线虫等可以通过气流、雨水、昆虫等各种途径传播。

病原物在接触期受寄主植物分泌物、根围土壤中其他微生物、大气的湿度和温度等复杂因素的影响。如植物根部的分泌物可促使病原真菌、细菌和线虫等或其他休眠体的萌发或引诱病原的聚集，有些腐生的根围微生物能产生抗菌物质，可抑制或杀死病原物。

接触期病原物除受寄主本身的影响，还受到生物的和非生物的因素影响。传播过程中只有少部分传播体被传播到寄主的可感染部位，大部分落在不能侵染的植物或其他物体上。并且病原物必须克服各种不利因素才能进一步侵染，所以该期是病原物侵染过程的薄弱环节，是防止病原物侵染的有利阶段。

2. 侵入期

（1）侵入途径

① 直接侵入　病原物直接穿透寄主的角质层和细胞壁的过程。

② 自然孔口侵入　植物体表有许多自然孔，如气孔、水孔、皮孔、蜜腺等。许多真菌和细菌是由某一或几种孔口侵入，以气孔侵入最普遍。

③ 伤口侵入　包括机械、病虫等外界因素造成的伤口和自然伤口，如叶痕和支根生出处。病原物的种类不

同，侵入途径和方式也不同。

（2）侵入方式

①真菌　大都以孢子萌发形成的芽管或者以菌丝侵入，有的还能从角质层或者表皮直接侵入。真菌不论是从自然孔口侵入还是直接侵入，进入寄主体内后孢子和芽管里的原生质随即沿侵染丝向内输送，并发育成为菌丝体，吸取寄主体内的养分，建立寄生关系。

②细菌　主要通过自然孔口和伤口侵入。细菌个体可以被动地落到自然孔口里或随着植物表面的水分被吸进孔口；有鞭毛的细菌靠鞭毛的游动也能主动侵入。

③病毒　靠外力通过微伤或昆虫的口器，与寄主细胞原生质接触完成侵入。

（3）侵入所需环境条件　病原菌完成侵入需要适宜的环境条件。主要是湿度和温度，其次是寄主植物的形态结构和生理特性。

①湿度　大多数真菌孢子的萌发、细菌的繁殖以及游动孢子和细菌的游动都需要在水滴里进行。高湿度下，寄主愈伤组织形成缓慢，气孔开张度大，水孔泌水多而持久，降低了植物抗侵入的能力，对病原物的侵入有利。所以果园栽培管理方式如开沟排水、合理修剪、合理密植、改善通风透光条件等，是控制果树病害的有效措施之一。

②温度　影响孢子萌发和侵入的速度。真菌孢子有最高、最适和最低萌发温度。超出最高和最低温度范围，孢子便不能萌发。

（4）侵入期所需时间和接种体数量　病毒的侵入与传播瞬时即完成；细菌侵入所需时间也较短，在最适条件下，不过几十分钟。真菌侵入所需时间较长，大多数真菌在最适应的条件下需要几小时，但很少超过 24 小时。

一般侵入的数量大，扩展蔓延较快，容易突破寄主的防御作用。细菌的接种量和发病率成正相关，病毒侵入后能否引起感染也和侵入数量有关，一般需要一定的数量才能引起感染。

3. 潜育期

病原物侵入后和寄主建立寄生关系到出现明显症状的阶段。

（1）潜育期的扩展　是病原物在寄主体内吸收营养和扩展的时期，也是寄主对病原物的扩展表现不同程度抵抗性的过程。病原物在寄主体内扩展时都消耗寄主的养分和水分，并分泌酶、毒素和生长调节素，扰乱正常的生理活动，使寄主组织遭到破坏，生长受抑制或促使增殖膨大，导致症状的出现。

（2）环境条件对潜育期的影响　每种植物病害都有一定的潜育期。潜育期的长短因病害而异，一般 10 天左右，也有较短或较长的。有些果树病毒病的潜育期可达 1 年或数年。

一定范围内，潜育期的长短受环境温度的影响最大，湿度对潜育期的影响较小。但如果植物组织的湿度高，细胞间充水对病原物在组织内的发育和扩展有利，潜育期就短。

有些病原物侵入寄主植物后，由于寄主抗病性强，病原物只能在寄主体内潜伏而不表现症状，但当寄主抗病力减弱时，它可继续扩展并出现症状，称潜伏侵染。有些病毒侵入一定的寄主后，任何条件下都不表现症状，称带毒现象。

4. 发病期

症状出现后病害进一步发展的时期。症状是寄主生理病变和组织病变的结果。发病期病原由营养生长转入生殖生长阶段，即进入产孢期，产生各种孢子（真菌病害）或其他繁殖体。新生病原物的繁殖体为病害的再次侵染提供主要来源。

在发病期，真菌性病害随着症状的发展，在受害部位产生大量无性孢子，提供了再侵染的病原体来源。细菌性病害在显现症状后，病部产生脓状物，含有大量细菌。病毒是细胞内的寄生物，在寄主体外不表现病症。

真菌孢子生成的速度与数量和环境条件中的温度、湿度关系很大。孢子产生的最适温度一般在 25℃ 左右，高湿促进孢子产生。

五、病害的侵染循环

传染性病害的发生必须有侵染来源。病害循环是指病害从前一生长季节开始发病，到下一生长季节再度发病的全过程。在病害循环中通常有活动期和休止期的交替，有越冬和越夏、初侵染和再侵染、病原物的传播等环节（图 9-1）。

1. 病原物的越冬、越夏

病原物的越冬、越夏场所，是寄主植物在生长

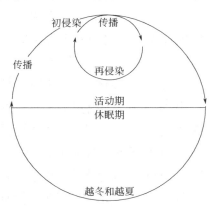

图 9-1　病害循环示意图

季节内最早发病的初侵染来源。病原物越冬、越夏的场所如下：

（1）田间病株　果树大都是多年生植物，绝大多数的病原物都能在病枝干、病根、病芽等组织内、外潜伏越冬。其中病毒以粒体，细菌以个体，真菌以孢子、休眠菌丝或休眠组织（如菌株、菌索）等，在病株的内部或表面度过夏季和冬季，成为下一个生长季节的初侵染来源。因此，采取剪除病枝、刮治病干、喷药和涂药等措施杀死病株上的病原物，消灭初侵染来源，是防止发病的重要措施之一。

病原物寄主往往不止一种植物，多种植物往往都可成为某些病原物的越冬、越夏场所。针对病害，除消灭田园内病株的病原物外，也应考虑其他栽培作物和野生寄主。对转主寄生的病害，还应考虑到转主寄主的铲除等。

（2）繁殖材料　不少病原物可潜伏在种子、苗木、接穗和其他繁殖材料的内部或附着在表面越冬。使用这些繁殖材料时，可传染给邻近的健株，造成病害的蔓延。还可随着繁殖材料远距离的调运，将病害传播到新地区。繁殖材料带病，不但可导致病害发生，且这类病害大部分属于难防治病害，一旦发病，无法治疗。

（3）病残体　果树的枯枝、落叶、落果、残根、烂皮等病株残体上带有病原物，这类越冬场所是果树病害主要越冬场所之一。由于病原物受到植株残体组织保护，对不良环境因子抵抗能力增加，能在病株残体中存活较长时间，当寄主残体分解和腐烂后，其中的病原物才逐渐死亡和消失。所以清洁果园，彻底清除病株残体，集中烧毁，或采取促进病残体分解的措施，利于消灭和减少初侵染来源。

（4）土壤　病残体和病株上着生的各种病原物都很容易落到土壤里而成为下一季节的初侵染来源，如果树紫纹羽病、白纹羽病。

（5）肥料　有些病原物随病残体混入肥料存活，成为病害的初侵染来源。在使用粪肥前，须充分腐熟，通过高温发酵使其失去生活力。

（6）储藏场所　在果品储藏场所带有可导致果品腐烂的病原物，如青霉病菌、红粉病菌、软腐病菌等。

2. 病原物的传播

传播是联系病害循环中各个环节的纽带。病原物的传播有气流传播、雨水传播、昆虫和其他动物传播、人为传播等方式。大多数病原体都有固定的来源和传播方式，如真菌以孢子随气流和雨水传播，细菌多半由风、雨传播，病毒常由昆虫和嫁接传播。

3. 病害的初侵染和再侵染

病原物每进行一次侵染都要完成病程的各阶段，最后又为下一次的侵染准备好病原体。其中在植物生长期内，病原物从越冬和越夏场所传播到寄主植物上引起的侵染，叫作初侵染。在同一生长期中初侵染的病部产生的病原体传播到寄主的其他健康部位或健康株上又一次引起的侵染称为再侵染。在同一生长季节中，再侵染可能发生许多次。

六、病害的流行及预测

1. 病害流行

病害流行须具备大量感病寄主、大量致病力强的病原物、适宜发病的环境条件等三个条件，三者缺一不可，但它们在病害流行中的地位是不相同的，其中必有一个是主导的决定性因素。

2. 病害流行的预测

在病害发生前一定时限依据调查数据对病害发生期、发生轻重、可能造成的损失进行估计并发出预报。

根据病害发生前的时限，预测可分为以下三种：

（1）短期预测　病害发生前夕，或病害零星发生时对病害流行的可能性和流行的程度做出预测。

（2）中期预测　病害发生前1个月至1个季度，对病害流行的可能性、时间、范围和程度做出预测。

（3）长期预测　根据病害流行的规律，至少提前1个季度预先估计一种病害是否会流行以及流行规模，也称为病害趋势预测。

病害的预测依据有：病程和侵染循环的特点，短期预测主要根据病程，中长期预测主要根据侵染循环；病害流行的主导因素及其变化；病害发生发展的历史资料；田间防治状况。

第二节　果树病害的识别及检索

果树病害按其病原类型可分为两大类：一类是由真菌、细菌、病毒、类菌原体、线虫、瘦螨、寄生性种子植物以及类病毒、类立克次氏体和寄生藻类所致的病害，叫侵染性病害；另一类是由于生长条件不适宜或环境中有害物质的影响而发生的病害，叫非侵染性病害。一般通过对病害标本的检查（包括实地考察），观察病状和病征，根据所见病原物的类型，查阅有关参考书的描述，对大部分常见病害都可识别。

一、侵染性病害

1. 真菌病害的特点与识别

由病原菌物引起的病害统称真菌（菌物）病害。这类病害有传染性，在田间发生时，往往由一个发病中心逐渐向四周扩展，即具有明显的由点到面的发展过程。

真菌病害的症状主要是坏死、腐烂和萎蔫，少数为畸形。在病斑上常常有霉状物、粉状物、粒状物等病征，是真菌病害区别于其他病害的重要标志，也是进行病害田间诊断的主要依据。

（1）诊断真菌病害的依据

① 症状观察　真菌病害的症状以坏死和腐烂居多，且大多数真菌病害均有明显病征，环境条件适合时可在病部看到明显的霉状物、粉状物、锈状物、颗粒状物等特定病征。

对常见病害，根据病害在田间的发生分布情况和病害的症状特点，并查阅相关资料，可基本判断病害的类别。但在田间有时受发病条件的限制，症状特点尤其是病征特点表现不明显，较难判定是何种病害。此情况应继续观察田间病害发生情况，同时进行病原检查或通过柯赫氏法则进行验证，确定病害种类。

② 病原检查　引起真菌病害的病原菌种类很多，引起的症状类型也复杂。一般病原不同，症状也不同；但有时病原相同，引起的症状也会完全不同，如苹果褐斑病在叶片上可产生同心轮纹型、针芒型和混合型 3 种不同的症

状，是由同一病原引起的。有时也有病原不同、症状相似的情况，如桃细菌性穿孔病、褐斑穿孔病及霉斑穿孔病，在叶片上都表现穿孔症状，但这3种病害的病原是完全不同的。仅以症状对某些病害不能做出正确诊断，必须进行实验室病原检查或鉴定。

进行病原检查时根据不同的病征采取不同的制片观察方法。当病征为霉状物或粉状物时，可用解剖针或解剖刀直接从病组织上挑取子实体制片；当病征为颗粒状物或点状物时，采用徒手切片法制作临时切片；当病原物十分稀疏时，可采用粘贴制片；然后在显微镜下观察其形态特征，根据子实体的形态，孢子的形态、大小、颜色及着生情况等与文献资料进行对比。对于常见病、多发病一般即可确定病害名称。

（2）真菌病害的识别　见表9-2。

表9-2　真菌病害的识别

方　法	识　别
以寄主植物为主,结合症状特点的识别方法	根据果树的种类,详细观察所见病害的症状特点,再查阅有关资料核对症状特点,可确定是何种病害
以病征为主,结合寄主植物的识别方法	很多真菌病害迟早都会在发病部位出现真菌的繁殖器官——无性及有性子实体。病原真菌的繁殖器官叫病征。果树病原真菌中的白粉菌、锈菌、霜霉菌的病征较为特异,可根据病征特点结合寄主植物来识别病害
进行病原菌的形态鉴定,核对有关果树病害资料进行识别的方法	在果树的真菌病害中,不同种的病原真菌在同一寄主上可产生相同或相似的症状。如苹果灰霉病和苹果圆斑病在叶片上的症状大同小异,但病原真菌是不同的种

2. 细菌病害的特点与识别

（1）细菌病害的特点　由病原细菌引起的病害称为细

菌病害。细菌病害的症状主要有坏死、腐烂、萎蔫和瘤肿等，变色的较少，常有菌脓溢出。细菌病害的症状特点是受害组织表面常为水渍状或油渍状；在潮湿条件下，病部有黄褐或乳白色、胶粘、似水珠状的菌脓；腐烂型病害患部有恶臭味。

细菌病害的诊断主要根据病害的症状和病原细菌的种类来进行。

① 潮湿条件下在细菌病害病部可见一层黄色或乳白色的脓状物，干燥后形成发亮的薄膜，即菌膜或颗粒状的菌胶粒。菌膜或菌胶粒都是细菌的溢脓，是细菌病害的特有病征。

② 细菌性叶斑往往具有黄色的晕环，细菌性癌肿十分明显，是诊断可利用的特征。如果怀疑某种病害是细菌病害但田间病征又不明显，可将该病株带回室内进行保湿培养，待病征充分表现后再进行鉴定。

③ 一般细菌侵染所致病害的病部，无论是维管束系统受害的，还是薄壁组织受害的，都可以通过徒手切片看到喷菌现象。喷菌现象为细菌病害所特有，是区分细菌与真菌、病毒病害的最简便的手段之一。通常维管束病害的喷菌量大，可持续几分钟到十多分钟；薄壁组织病害的喷菌状态持续时间较短，喷菌数量亦较少。

（2）果树细菌病害的识别　果树上常见细菌病害的症状主要有斑点、腐烂和肿瘤畸形三种。在潮湿条件下，大多数细菌病可产生"溢脓"现象。常见的果树细菌病害根据其症状特点，结合显微镜检查病组织内的病原细菌可确定，见表9-3。

表 9-3　细菌病害的识别

症状	描　　述	显微镜检查
叶部斑点	大多数细菌病叶斑的发展受到叶脉限制而为多角形或近似圆形,发病初期表现为水渍状,病斑外缘有黄色晕圈。在潮湿环境下,病斑溢出含菌液体——溢脓。溢脓多为球状液滴或黏湿的液层,微黄色或乳白色,干涸后成为胶点或薄膜。如桃细菌性穿孔病导致的叶部症状	将病组织做成切片,置于灭菌水中进行显微镜检查,如观察到病组织切片中有云雾状细菌群体排出而健康组织没有,可确定为细菌病害(根癌病组织内看不到细菌)。此项检查应选取新发生的病部或病组织的新扩展部分,以排除腐生细菌的干扰,并应严格无菌操作
腐烂症状	腐烂症状易和真菌病害相混淆,但细菌所致的腐烂不产生霉层等真菌子实体,病组织内外有黏液状病征。如梨锈水病导致的梨树枝干内部腐烂和果实软腐	
肿瘤和畸形	果树根癌细菌可导致多种果树的根癌病、毛根病,症状特异,易于识别。细菌量极少,无病征表现	

3. 病毒病害的特点与识别

病毒病害的症状为花叶、黄化、矮缩、皱缩、丛枝等,少数为坏死斑点。绝大多数病毒都是系统侵染,引起的坏死斑点通常较均匀地分布于植株上,而不像真菌和细菌引起的局部斑点在植株上分布不均匀。

识别病毒病害主要依据症状特点、病害田间分布、病毒的传播方式、寄主范围以及病毒对环境影响的稳定性等来进行。

病毒和类病毒引起的病害都没有病征,但它们的病状具有显著特点,如变色(双子叶植物的斑驳、花叶,单子叶植物的条纹、斑点)伴随或轻或重的畸形小叶、皱缩、矮化等全株性病状。这些病状表现首先从幼嫩的分枝顶端开始,且全株或局部病状很少均匀。植原体病害多以黄化、丛枝、花器返祖为特色与病毒病害相区分。此外,还可借助电子显微镜观察病毒的形态和用血清学方法进行病毒的鉴定。

果树病毒病害在生产实践中常用症状鉴定识别，见表 9-4。

表 9-4　果树病毒病害常用症状鉴定

方法	症　　　状
症状识别法	**叶片变色** 　一般分花叶和黄化两种,有时变色部分还可形成单圈或重圈的环斑
	枯斑和组织坏死 　有些病毒病在叶片侵染点可形成枯斑,叶片、根茎和果实均可发生坏死现象;韧皮部的坏死是某些黄化型病毒特有的症状,有些病毒病可造成全株枯死
	丛枝、小叶、花器退化、果实畸形等特殊症状

4. 线虫病害的诊断

线虫的穿刺吸食对寄主细胞有刺激和破坏作用。线虫病害的症状表现为植株矮小、叶片黄化、局部畸形和根部腐烂等，有的形成明显的根结。结合上述症状并进行病原检查即可确定线虫病害。

线虫病害的病原鉴定，一般将病部产生的虫瘿或根结切开，挑取线虫制片或做病组织切片镜检，根据线虫的形态确定其分类地位。对于一些病部不形成根结的病害，需首先根据线虫种类不同采用相应的分离方法，将线虫分离出来，然后制片镜检。要注意根据口针特征排除腐生线虫的干扰，特别是对寄生在植物地下部位的线虫病害，必要时要通过柯赫氏法则进行验证。

二、非侵染性病害的特点与识别

1. 非侵染性病害的特点与诊断

非侵染性病害（也称生理病害），包括由气象因素、土壤因素和一些有害毒物引起的病害。非侵染性病害是由非生物因素引起的，因此在发病植物上看不到任何病征，也不可能分离到病原物。病害往往大面积同时发生，没有相互传染和逐步蔓延。

① 病害突然大面积同时发生，发病时间短，多由于气候因素（如冻害、干热风、日灼）所致。病害的发生往往与地势、地形和土质、土壤酸碱度、土壤中各种微量元素的含量等情况有关；也与气象条件的特殊变化（如冰雹、洪涝灾害）有关；与栽培管理（如施肥、排灌和喷洒化学农药）是否适当有关；与是否与某些工厂相邻而接触废水、废气、烟尘等也有密切关系。

② 此类病害不是由病原生物引起的，受病植物表现出的症状只有病状没有病征。

③ 根部发黑，根系发育差，与土壤水多、板结而缺氧，有机质不腐熟而产生硫化氢或废水中毒等有关。

④ 有枯斑、灼伤，多集中在某一部位的叶或芽上，无既往病史，大多是使用化肥或农药不当引起。

⑤ 明显缺素症状，多见于老叶或顶部新叶，出现黄化或特殊的缺素症。

⑥ 与传染性病害相比，非传染性病害与环境条件的关系更密切，发生面积更大，无明显的发病中心和中心病株，在适当的条件下可以恢复（环境条件改善后）。

诊断非侵染性病害除观察田间发病情况和病害症状外，还必须对发病植物所在的环境条件等有关问题进行调查和分析，才能最后确定致病原因。

2. 非侵染性病害的识别

非侵染性病害可通过症状鉴定、补充或消除某种因素来识别，见表 9-5。

表 9-5   非侵染性病害的识别

分类	症 状	
温度影响	长期高温干旱可使果树发生灼伤,引起果树日灼病,受害果实的向阳部分产生褐色或古铜色干斑,枝干外皮龟裂或流胶,有时顶叶的尖端和边缘枯焦	
	霜害和冻害易使衰弱的树体受害,如桃树的流胶	
水分影响	长期干旱可引起植物萎蔫和早期落叶	
	土壤水分过多易使果树根系窒息而发生根腐和叶部黄化早落,严重时可引起果树死亡	
有害物质引起的中毒	如工矿企业排出的二氧化硫可使果树中毒,造成叶片失绿、生长受抑制、落叶,甚至引起死亡	
	农药使用不当也常引起药害	
	工矿排出的有害废液可使果树中毒	
缺素病害 (营养失调症)	症 状 观 察	施素鉴别
	在碱性土壤中容易缺铁,引起果树等发生褪绿病或黄化病	根据症状观察怀疑为缺乏某种元素,可施用该种元素进行对症治疗。若施素后,症状减轻或消失则可确定是由于缺乏某种元素引起的营养失调症
	缺锌可使叶片狭小、黄化、直立、丛生,如苹果小叶病	
	缺硼可使植物肥嫩器官发生木栓化	
	缺钙可使果实产生坏死斑点。缺硼、缺钙常与氮肥施用过多、施用时期不当有关	
	还有因缺钼、缺镁、缺锰、缺磷、缺钾等引起的病害	

三、果树病害类别检索

果树病害类别检索见表 9-6。

表 9-6　果树病害类别检索

性质	发病特征	细部症状	类别	
病害具有传染性,在发病器官表面或组织内部可看到病原物	病害不呈全株性发病,只在叶部、枝干、果实、根部某个部位发病,也可在几个部位同时发病	发病部位表面可看到霉层、粉状物、小粒点等病原物繁殖器官,或在病组织内可看到病原物繁殖器官,或通过保湿诱发方可看到	真菌病害	侵染性病害
		发病部位看不到霉层、小粒点等病原物,但在潮湿环境下可溢出微黄色或乳白色的球状液滴或黏湿的液层,干涸后成为胶点或薄膜 将新鲜病组织做成切片,在显微镜下观察可见到有云雾状细菌群体排出。或者根部有特异状的肿瘤及毛根	细菌病害	
		发病部位表面或病组织内可见到线虫虫体	线虫病害	
		发病部位组织内可见到瘿螨	瘿螨病害	
		发病部位见到寄生性种子植物	寄生性种子植物所致病害	
		发病部位见到寄生藻	寄生藻所致病害	
	病害呈全株性发病或迟早会呈全株性发病,病害可通过嫁接传染。病株看不到霉层等病原物,病组织内无菌丝体	病变组织超薄切片在电镜下可看到病毒颗粒	病毒病害	
		病变组织超薄切片在电镜下可看到类菌原体粒子,病害对四环素族抗生素敏感	类菌原体病害	
病害不具有传染性,在发病器官表面和组织内部看不到病原物	病害的发生与气候异常、突变有关,或有接触某种毒物的历史。施用某种元素不能缓解或消除症状	基干和果实向阳面产生褐色或古铜色干斑,枝叶茂密处不发生	日灼病	非侵染性病害
		枝干在严寒之后产生裂缝、流胶;幼叶皱缩、碎裂或穿孔,花不结实或结实后脱落,发生在晚霜后	温度过低	
		树叶黄化或红化、萎蔫或叶边枯焦,早期脱落,发生在严重干旱时	水分不足	

续表

性质	发病特征		细部症状	类别	
病害不具有传染性,在发病器官表面和组织内部看不到病原物	病害的发生与气候异常、突变有关,或有接触某种毒物的历史。施用某种元素不能缓解或消除症状		某些果树品种的果实后期果面产生裂缝	前旱后涝或水分过多	非侵染性病害
			叶片急剧失绿、萎蔫或枯焦,生长衰退,严重时叶片脱落。有接触毒物、农药、化肥等历史	中毒	
	病害发生在土壤瘠薄、有机肥很少或不施的地块,施用某种元素肥料可缓解或消除症状		新生嫩叶淡黄色或白色,叶脉仍为绿色,严重时叶片产生棕黄色枯斑,叶缘焦枯,新梢先端枯死,叶片早落 在 pH 偏碱的土壤上易发生 叶面喷施硫酸亚铁溶液或用来灌根,症状可有所缓解	生理缺铁	
			新生枝条顶端叶片呈莲座状,叶片狭小、硬化,枝条纤细、节短,花芽形成少 早春枝条或展叶后叶面喷施硫酸锌溶液可缓解或消除症状	生理缺锌	
			果实在近成熟期和储藏期表皮产生坏死斑点,斑点下果肉有部分坏死 施氮肥过多或早春施氮肥可加重病害 叶片喷施氯化钙或硝酸钙溶液可减轻或消除症状	生理缺钙	
			果实表面产生干斑或果肉发生木栓化变色,果实畸形,表面或有开裂 山地和河滩砂地果园发生多,土壤施硼砂或叶面喷硼砂溶液可减轻或消除症状	生理缺硼	

第三节　果树害虫的识别

一、根据害虫的形态特征来识别

根据害虫的形态特征来识别是鉴别害虫种类最常用、

更可靠的方法。昆虫的形态特征主要包括翅的有无、对数、式样、质地，口器的类型；翅的类型、触角，足和腹部附属器官的式样。昆虫一般分为 33 个目，目下分科、属、种。其中与果树生产关系密切的昆虫有直翅目、同翅目、半翅目、鞘翅目、鳞翅目、膜翅目和双翅目 7 个目。7 个目的形态特征见表 9-7。

表 9-7　7 个目昆虫的形态特征

目	常见昆虫	特　　点
直翅目	蝼蛄、蝗虫、螽斯、蟋蟀	体粗壮，中型至大型，触角丝状，咀嚼式口器。前翅狭长，革质较厚，为复翅，后翅膜质。后足为跳跃足或前足为开掘足。有尾须。多为陆栖，大多植食性，属不完全变态
同翅目	蝉、蚜虫、叶蝉、木虱、粉虱、介壳虫	体小型至大型，触角刚毛状或丝状，刺吸式口器，前翅膜质或革质，后翅膜质。但蚜虫和介壳虫有无翅的个体。无尾须。除雄性介壳虫属完全变态外，其余均属不完全变态。陆生
半翅目	椿象	体中、大型，大多扁平，触角丝状，刺吸式口器。前翅基半部硬化，端半部膜质，称为半鞘翅，后翅膜质。无尾须。大多为陆栖性，为害树体吸食汁液，属不完全变态
鞘翅目	金龟子、瓢虫、象甲、叶蝉、吉丁虫、天牛	体坚硬，大小不等，咀嚼式口器。前翅角质，称鞘翅；后翅膜质或无后翅。大多数种类为植食性，少数种类为捕食性，如瓢虫科的黑缘红瓢虫专食球坚介壳虫和蚜虫
鳞翅目	蝶类、蛾类	体大小不等，虹吸式口器；翅膜质密被鳞片。蛾类触角多为丝状、梳状、羽毛状，成虫夜间活动，如卷叶蛾、夜蛾、枯叶蛾、刺蛾等。蝶类触角为球杆状，成虫白天活动，如蛱蝶、粉蝶
膜翅目	蜂类、蚂蚁	体小型至中型，咀嚼式口器，只有蜜蜂为嚼吸式，翅膜质，透明，前翅大于后翅，翅脉变异大，雌虫产卵器发达
双翅目	蝇、虻、蚊	体小至中型，舐吸式或刺吸式口器。前翅膜质透明，后翅退化成平衡棍。复眼大

二、根据寄主被害状来识别

不同种类的害虫，为害状不同。

① 直翅目成虫、若虫，鞘翅目、鳞翅目幼虫及部分成虫均为咀嚼式口器昆虫，常为害果树的根、茎、叶、花、果，在被害部位常有咬伤、咬断、蛀食的痕迹以及虫粪等特征。

② 半翅目、同翅目的成虫、若虫，常将口喙插入寄主叶、枝组织内刺吸汁液，使被害部位组织变色，树势衰弱，造成叶片脱落或枝条枯死，如蚜虫、木虱、蚧虫，还能排泄出黏质的排泄物，可用于识别。

③ 被害状与害虫口器的类型和为害习性关系密切，即使口器相同，不同种害虫，其为害方式、寄主表现也有不同特征。如梨大食心虫和梨小食心虫都能蛀食梨的果实，但蛀孔部位、蛀道形状、排粪习性等都不一样；苹蚜和苹果瘤蚜刺吸苹果叶片汁液，造成卷叶，但前者叶横卷，后者叶纵卷，可进行鉴别。

三、果树各部位害虫为害状的识别

果树各部位害虫为害状的识别见表 9-8。

表 9-8　果树各部位害虫为害状的识别

为害部位		为 害 状
为害根部的害虫	咬伤或咬断根际部分皮层、幼根，使植株生长衰弱甚至枯死，多为地老虎、金针虫、蛴螬、蝼蛄、天牛	把地表根际皮层咬坏，有时还把被害果苗拉到土窝去，多为地老虎
		咬坏根部，地表有明显坠道为蝼蛄，无明显坠道为蛴螬、金针虫
		粗根木质部被蛀食，且蛀道不规则者多为天牛，如红颈天牛

为害部位	为 害 状	
为害枝、干的害虫	为害枝、干皮层或木质部,幼虫蛀道多不规则,直接影响水分、养分的输导,严重时枝、干枯萎折断,甚至整株枯死,多为天牛、木蠹蛾、透翅蛾、吉丁虫等	蛀食木质部,蛀槽不规则,较深、长,每隔一定距离有一排粪孔,向外排出粪便,多为天牛和木蠹蛾。但天牛幼虫一般为白色,无足;木蠹蛾幼虫一般为红色,有足
		蛀食枝、干皮层,使木质部同韧皮部内外分离,多为吉丁虫
		为害皮层、形成层或髓部的多为透翅蛾;吸食枝、干汁液,削弱树势,造成枝、株枯死,多为介壳虫
为害叶部的害虫	为害嫩叶,被食叶片呈不规则缺刻,严重者吃光叶,多为金龟子、天蛾、毛虫	
	用口器刺入叶组织吸食汁液,被害叶呈灰白色、黄褐色、焦枯,提早脱落,多为蟥象、网蟥、蚜虫、介壳虫、蟥类等	
	潜入叶组织为害,潜食叶肉,有细线虫道或椭圆形斑块,多为潜叶蛾	
	卷叶为害,幼虫吐丝缀叶,把叶片卷成各种形状,幼虫在其中为害,多为卷叶蛾、蟥螟	
为害果实的害虫	幼虫蛀入果内,串食果肉、果心,蛀孔周围变异,蛀果面有虫粪或果内充满粪便,被害果变形或不变形,多为食心虫,包括蛀果蛾、小卷叶蛾、卷叶蛾	
	蛾子从管状口器刺吸果实汁液,被害果呈海绵状,易腐烂、脱落,多为吸果夜蛾	
	果树害虫除了绝大部分是属于昆虫外,还有少数蟥类	
	蟥类中叶蟥和瘿蟥是多种果树上的重要害虫,叶蟥主要有山楂红蜘蛛、苹果红蜘蛛等	

第四节　果树病虫害科学防治技术

一、果树病虫为害的特点和防治措施

1. 搞好果园卫生是防治果树病虫害的重要基础措施

果树为多年生栽培植物，果园建成后，病虫种类和数量逐年累积，多数病菌和害虫就地在本园（本地）越冬，病虫害一旦在本园（本地）定殖就很难根除。果树受病虫为害，不仅对当年果品产量和质量有影响，且影响以后几年的收成，搞好果园卫生、清除田间菌源、降低害虫越冬基数是防治果树病虫害的重要措施之一。

2. 防治虫害是防治某些病害的重要措施之一

一种果树会受到多种病虫为害，虫害严重发生时常常诱发某些病害严重发生。如苹果树受山楂红蜘蛛和苹果红蜘蛛严重为害后，造成大量落叶，极大削弱树势，树体抗病力下降，使苹果腐烂病发生严重。一些害虫是某些病毒病害和类菌质体病害的传病媒介，一些害虫还能传播某些细菌病害，如核桃举肢蛾能够传播核桃黑腐病。

3. 某些果树病害的发生与果树周围的林木病害有关

杨树水疱溃疡病菌是苹果烂果病的菌源之一，不宜在苹果园周围种植易感染水疱溃疡病的北京杨等品种。果园周围有桧柏等林木，能使转主寄生的苹果锈病病菌和梨锈病病菌完成侵染循环，在杨树、柳树、槐树、酸枣等林迹地上种植果树是造成白绢病和紫纹羽病发生的重要原因。

4. 果树易出现营养缺乏

果树多年在一地生长、开花、结果，长期从固定一处土壤中吸取营养，如不注意改良土壤、增施有机肥料，易出现营养缺乏，尤其是易因某种微量元素缺乏而出现相应的生理病害。如北方苹果产区常见到的缺铁黄化病、缺锌小叶病、缺硼缩果病、缺钙苦痘病就是因为缺乏某种元素而造成的营养失调。

5. 一些病虫害可通过无性繁殖材料进行传播、蔓延，且很多病虫害可通过繁殖材料进行远距离传播

果树一般采用嫁接、插条、分根等方法进行无性繁殖。病毒病害和类菌质体病害都能通过无性繁殖材料进行传染，给病毒病害和类菌质体病害的防治及防止扩大蔓延带来很大困难。苹果的很多病毒病害、苹果锈果病、枣疯病等可通过无性繁殖材料传播，扩大蔓延。培育无毒、无病苗木是果树生产中亟需解决的问题。

很多危险病虫害可通过苗木、接穗等繁殖材料进行远距离传播，如苹果黑星病、苹果各种病毒病、枣疯病、葡萄根瘤蚜、苹果绵蚜、苹果小吉丁虫等病虫害，严格植物检疫是防止危险病虫传入尚未发生地区的关键措施。

6. 加强栽培管理，强壮树势，可防止病害发生、蔓延

果树进入结果期后，常由于结果过多而肥水管理跟不上，使树势急剧减退，抗病能力下降，使潜伏在枝干上的病菌特别是腐生性较强的一类病菌迅速扩展为害。如苹果腐烂病一般是在进入结果期后逐年加重。应重视加强栽培管理，培育壮树。

7. 非侵染性病害常为侵染性病害发生创造有利条件

果树的不同类别病害之间关系密切，往往互为因果。非侵染性病害常为侵染性病害创造了发生发展的有利条件。冻害是苹果腐烂病流行的重要条件，土壤积水常使苹果银叶病发生严重。侵染性病害的发生会降低果树对不良环境条件的抵抗力。柿树因柿角斑病严重发生造成大量落叶后，易遭受冻害引起柿疯病。

8. 果树根系病害防治困难

果树的根系非常庞大，入土也较深，常因缺氧而窒息，妨害根系的正常生命活动，在土壤黏重、地下水位较

高、低洼湿涝地的果园更突出。根系生命活动减弱必然影响地上部的生活力，根部本身也易招致寄生菌和腐生菌的侵染。由于根系在地下，对根部病害的防治一般较地上部病害困难。一些根部病害如葡萄根瘤蚜的防治也较困难。

二、果树病害防治的基本方法

果树病害防治的基本方法有植物检疫、农业防治、生物防治、物理机械防治和化学防治。

1. 植物检疫

（1）概念　植物检疫是国家保护农业生产的重要措施，它是由国家颁布条例和法令，对植物及其产品，特别是苗木、接穗、插条、种子等繁殖材料进行管理和控制，防止危险性病、虫、杂草传播蔓延。

（2）植物检疫的主要任务

① 禁止危险性病、虫、杂草随着植物或其产品由国外输入和由国内输出。

② 将在国内局部地区已发生的危险性病、虫、杂草封锁在一定的范围内，不让它传播到尚未发生的地区，并且采取各种措施逐步将其消灭。

③ 当危险性病、虫、杂草传入新区时，采取紧急措施，就地彻底肃清。

2. 农业防治

农业防治是通过合理采用一系列栽培措施，调节病原物、寄主和环境条件间的关系，给果树创造利于生长发育而不利于病原物生存繁殖的条件，减少病原物的初侵染来源，降低病害的发展速度，减轻病害的发生。农业防治是最基本的防治方法。

农业防治的主要措施有栽植优质无病毒苗木、选择抗病虫优良品种；搞好果园清洁，及时剪除果树生长期病虫叶、果、枝，彻底清除枯枝落叶，刮除树干老翘裂皮，人工捕捉、翻树盘、覆草、铺地膜，减少病虫源，降低病虫基数；加强肥水管理，合理负载，提高树体抗病虫能力；合理密植、修剪、间作，保证树体通风透光；果实套袋，减少病虫、农药感染；不与不同种果树混栽，以防次要病虫上升为害；果园周围5千米范围内不栽植桧柏，以防锈病流行；适期采收和合理储藏。

3. 生物防治

生物防治是利用有益生物及其产物来控制病原物的生存和活动，减轻病害发生的方法。如创造利于天敌昆虫繁殖的生态环境，保护、利用瓢虫、草蛉、捕食螨等自然昆虫天敌；养殖、释放赤眼蜂等天敌昆虫；应用有益微生物及其代谢产物防治病虫，如土壤施用白僵菌防治桃小食心虫；利用昆虫性外激素诱杀或干扰成虫交配。

4. 物理机械防治

利用各种物理因子、人工和器械控制病虫害的一种防治方法。可根据病虫害生物学特性，采取设置阻隔、诱集诱杀、树干涂白、树干涂黏着剂、人工捕杀害虫等方法。

（1）设置阻隔 根据害虫的生活习性，设置阻隔措施，破坏害虫的生存环境以减轻害虫危害。如在防治果树上的春尺蠖时，采用在果树主干上涂抹粘虫胶、束塑料薄膜或树干基部堆细沙等办法阻止无翅雌虫上树产卵。

果实套袋能显著改善果实外观质量，使果点浅小、果皮细腻、果面洁净，可有效防治果实病虫害，减轻果品的农药残留及对环境的污染，是生产高档果品的主要技术措施。

（2）诱集诱杀　是利用害虫的趋性或其他生活习性进行诱集，配合一定的物理装置、化学毒剂或人工加以处理来防治害虫的一类方法。

①灯光诱杀　许多昆虫都有不同程度的趋光性，利用害虫的趋光性，可采用黑光灯、双色灯等引诱许多鳞翅目、鞘翅目害虫，结合诱集箱、水盆或高压电网可诱集后直接杀死害虫。

②食饵诱杀　是利用有些害虫对食物气味有明显趋向性的特点，通过配制适当的食饵，利用趋化性诱杀害虫。如配制糖醋液（适量杀虫剂、糖6份、醋3份、酒1份、水10份）可诱杀卷叶蛾等鳞翅目成虫和根蛆类成虫；撒播带香味的麦麸、油渣、豆饼、谷物制成的毒饵可毒杀金龟子等地下害虫。

③潜所诱杀　是根据害虫的潜伏习性，制造各种适合场所引诱害虫来潜伏，然后及时杀灭害虫。如秋冬季在果树上束药带或束用药处理过的草帘，诱杀越冬的梨小食心虫、梨星毛虫和苹果蠹蛾幼虫等，可以减少翌年的虫口数量。

（3）树干涂白、涂黏着剂　树干涂白，可预防日烧和冻裂，延迟萌芽和开花期，可兼治枝干病虫害。涂白剂的配方为生石灰∶食盐∶大豆汁∶水＝12∶2∶0.5∶36。涂黏着剂可直接粘杀越冬孵化康氏粉蚧、越冬叶螨等出蛰上树为害的害虫。

（4）人工捕杀害虫　根据害虫发生特点和生活习性，使用简单的器械直接杀死害虫或破坏害虫栖息场所。在害虫发生初期，可人工摘除卵块和初孵群集幼虫、挑除树上虫巢或冬季刮除老树皮、翘皮等。剪去虫枝或虫梢，刮除枝、干上的老皮和翘皮能防治果树上的蚧类、蛀干类及在老皮和翘皮下越冬的多种害虫。

5. 化学防治

化学防治指使用化学药剂来防治植物病害，作用迅速、效果显著、方法简便。但化学药剂如果使用不当，容易造成对环境及果品和蔬菜的污染，同时长时间连续使用同一类药剂，容易诱发病原物产生耐药性，降低药剂的防治效果。化学药剂的合理使用应注意药剂防治和其他防治措施配合。

三、农药的合理安全使用

1. 农药分类

根据防治对象不同，农药大致可分为杀虫剂、杀螨剂、杀菌剂、杀线虫剂、除草剂、杀鼠剂与植物生长调节剂等。

（1）杀虫剂　是用来防治农、林、卫生及储粮害虫的农药，按作用方式不同可分为以下几类：

①胃毒剂　通过害虫取食，经口腔和消化道引起昆虫中毒死亡的药剂，如敌百虫等。

②触杀剂　通过接触表皮渗入害虫体内使之中毒死亡的药剂，如异丙威（叶蝉散）等。

③熏蒸剂　通过呼吸系统以毒气进入害虫体内使之中毒死亡的药剂，如溴甲烷等。

④内吸剂　能被植物吸收，并随植物体液传导到植物各部或产生代谢物，在害虫取食植物汁液时能使之中毒死亡的药剂，如乐果等。

⑤ 其他杀虫剂　忌避剂（如驱蚊油、樟脑）、拒食剂（如拒食胺）、粘捕剂（如松脂合剂）、绝育剂（如噻替派、六磷胺等）、引诱剂（如糖醋液）、昆虫生长调节剂（如灭幼脲Ⅲ）。这类杀虫剂本身并无多大毒性，是以其特殊的性能作用于昆虫。一般将这些药剂称为特异性杀虫剂。

（2）杀菌剂　是用以预防或治疗植物真菌或细菌病害的药剂。按作用、原理可分为以下几类：

① 保护剂　在病原菌未侵入之前用来处理植物或植物所处的环境（如土壤）的药剂，以保护植物免受危害，如波尔多液等。

② 治疗剂　用来处理病菌已侵入或已发病的植物，使之不再继续受害，如硫菌灵（托布津）等。按化学成分可分为无机铜制剂、无机硫制剂、有机硫制剂、有机磷杀菌剂、农用抗生素等。

（3）杀螨剂　用来防治植食性螨类的药剂，如炔螨特（克螨特）等。按作用方式多归为触杀剂，也有内吸作用。

（4）杀线虫剂　用来防治植物线虫病害的药剂。

（5）除草剂　用来防除杂草和有害生物的药剂。

2. 农药的剂型

化学农药主要剂型有粉剂、可湿性粉剂、乳油和颗粒剂等。

（1）粉剂　由原药和惰性稀释物（如高岭土、滑石粉）按一定比例混合粉碎而成。粉剂中有效成分含量一般在10％以下。低浓度粉剂供常规喷粉用，高浓度粉剂供拌种、制作毒饵或土壤处理用。

优点是加工成本低，使用方便，不需用水。缺点是易被风吹雨淋脱落，药效一般不如液体制剂，易污染环境和对周围敏感作物产生药害。可通过添加黏着剂、抗漂移剂、稳定剂等改进其性能。

（2）可湿性粉剂　由原药和少量表面活性剂（湿润剂、分散剂、悬浮稳定剂等）以及载体（硅藻土、陶土）等一起经粉碎混合而成。可湿性粉剂的有效成分含量一般为 25%～50%，主要供喷雾用，也可作灌根、泼浇使用。

（3）乳油　农药原药按有效成分比例溶解在有机溶剂（如苯、二甲苯等）中，再加入一定量的乳化剂配制成透明均相的液体。乳油加水稀释可自行乳化形成不透明的乳浊液。乳油因含有表面活性很强的乳化剂，它的湿润性、展着性、黏着性、渗透性和持效期都优于同等浓度的粉剂和可湿性粉剂。乳油主要供喷雾使用，也可用于涂茎（内吸药剂）、拌种、浸种和泼浇等。

（4）颗粒剂　指由农药原药、载体和其辅助剂制成的粒状固体制剂。颗粒剂的制备方法较多，常采用包衣法。颗粒剂具有持效期长、使用方便、对环境污染小、对益虫和天敌安全等优点。颗粒剂可用于根施、穴施、与种子混播、土壤处理或撒入心叶。

（5）烟雾剂　由原药加入燃料、氧化剂、消燃剂、引芯制成。点燃后燃烧均匀，成烟率高，无明火，原药受热气化，再遇冷凝结成微粒飘浮于空间。多用于温室大棚、林地及仓库病虫害。

（6）水剂　指用水溶性固体农药制成的粉末状物，可兑水使用。成本低，但不宜久存，不易附着于植物表面。

（7）片剂　指原药加入填料制成的片状物。

（8）其他剂型　随着农药加工技术的不断进步，各种新的剂型被陆续开发利用，如微乳剂、固体乳油、悬浮乳剂、可流动粉剂、漂浮颗粒剂、微胶囊剂、泡腾片剂等。

3. 用药原则

（1）全面禁止使用的农药（23种）　六六六，滴滴涕，毒杀芬，二溴氯丙烷，杀虫脒，二溴乙烷，除草醚，艾氏剂，狄氏剂，汞制剂，砷类，铅类，敌枯双，氟乙酰胺，甘氟，毒鼠强，氟乙酸钠，毒鼠硅，甲胺磷，甲基对硫磷，对硫磷，久效磷，磷胺等农药全面禁止使用。

（2）禁止在果树上使用的农药　甲拌磷，甲基异柳磷，特丁硫磷，甲基硫环磷，治螟磷，内吸磷，克百威，涕灭威，灭线磷，硫环磷，蝇毒磷，地虫硫磷，氯唑磷，苯线磷。

4. 农药的合理使用

（1）正确选药　在施药前应根据实际情况选择合适的药剂品种，对症下药，避免盲目用药。应根据不同的防治对象对药剂的敏感性、不同作物种类对药剂的适应性、不同用药时期对药剂的不同要求等，选择适宜的药剂品种及剂型。

（2）适时用药　掌握病虫害的发生发展规律，抓住有利时机用药，提高防治效果。如一般药剂防治害虫时应在初龄幼虫期，防治过迟，防治效果差。药剂防治病害时，一定要在寄主发病前或发病早期使用，保护性杀菌剂必须在病原物接触侵入寄主前使用。还要考虑气候条件及物候期。

（3）适量用药　应根据用药量标准施用农药，不可任意提高浓度、加大用药量或增加使用次数。在用药前清楚农药的规格，即有效成分的含量，再确定用药量。

（4）交互用药　长期使用一种农药防治某种害虫或病

菌，易产生耐药性，防治效果降低。应轮换用药，尽可能选用不同作用机制的农药。

（5）农药混用与复配　将 2 种或 2 种以上的对病虫有不同作用机制的农药混合使用，兼治几种病虫，提高防治效果。农药混合后它们之间应不产生化学和物理变化，才可以混用。

农药复配要注意以下几方面：

① 2 种药剂复配后不能影响原药剂理化性，不降低表面活性剂的活性，不降低药效。

② 酸性或中性农药（如有机磷、氨基甲酸酯类、拟除虫菊酯类等含酯结构的农药）不要与碱性农药混合。

③ 对酸性敏感的农药（如敌百虫、久效磷、有机硫杀菌剂）不能与酸性农药混用。

④ 农药之间不会产生复分解反应。例如波尔多液与石硫合剂，虽然都是碱性药剂，但混合后会发生离子交换反应，使药剂失效甚至会产生药害。

⑤ 农药混用复配后对生物会产生联合效应，联合效应包括相加作用、增效作用及拮抗作用 3 种，可以通过共毒系数决定能否复配。一般认为共毒系数＞200 为增效，150～200 之间为微增效，70～150 为相加，＜70 为拮抗。显然，有拮抗反应的 2 种农药是不能复配的。

（6）防止产生药害　在果实上发生药害对品质造成很大影响，降低果品的经济价值。产生药害的原因有如下：

① 不同药剂产生药害的程度及可能性不同　一般无机杀菌剂易产生药害，有机杀菌剂产生药害的可能性较小，植物性药剂及抗生素药害更小一些。同一类药剂，水溶性越大，发生药害的可能性越大。可湿性粉剂的可湿性

差或乳剂的乳化性差，使药剂在水中分散不均匀；药剂颗粒粗大，在水中较易沉淀，搅拌不匀，会喷出高浓度药液而造成药害。

②　环境条件　一般在气温高、阳光强的条件下，药剂的活性增强，而且植物的新陈代谢作用加快，容易发生药害。

③　用药方法　使用杀菌剂时，必须根据农药的具体性质、防治对象及环境因素等，选择相应的施药方法。

（7）避免农药对环境和果品的污染　使用高效、低毒、低残留的杀菌剂，逐渐淘汰高毒、高残留及广谱性杀菌剂。选择适宜的用药浓度、用药量及用药次数，避免滥用农药，采用化学防治和其他防治相结合的综合防治措施，减少对杀菌剂的依赖。

四、主要杀菌剂

1. 有机硫杀菌剂

有机硫杀菌剂具有高效、低毒、药害轻、杀菌谱广等特点。

（1）代森锰锌　化学名称为亚乙基双二硫代氨基甲酸锰和锌离子的配位化合物。剂型有 70％可湿性粉剂、25％悬浮剂。70％可湿性粉剂，使用浓度 800～1000 倍。

（2）代森锌　化学名称为亚乙基-1,2-双二硫代氨基甲酸锌。对人、畜低毒；对植物安全，一般不会引起药害。剂型有 60％、65％及 80％可湿性粉剂。使用浓度一般为 500～1000 倍。

（3）代森铵　化学名称为亚乙基双硫代氨基甲酸铵。有保护和治疗作用。对人、畜低毒。制剂为 45％水剂，常用浓度为 1000 倍。可用于防治果树根腐病、梨黑星病、葡萄霜霉病等。

（4）福美双　化学名称为四甲基二硫代双甲硫羰酰胺。不能与含铜、汞药剂混用。对人、畜毒性小。剂型为50％可湿性粉剂。

2. 有机磷、胂杀菌剂

（1）乙磷铝　又名疫霜灵，化学名称为三乙基磷酸铝。对人、畜基本无毒。该药为优良内吸性杀菌剂，有双向传导作用，具保护和治疗作用。90％可溶粉剂使用浓度为 600～1000 倍；40％可湿性粉剂使用浓度为 300～500倍。对霜霉属和疫霉属菌引起的病害有较好的防效。

（2）福美胂　化学名称为三-N-二甲基二硫代氨基甲酸胂，又名阿苏妙。有保护和治疗作用，残效期较长。福美砷对人、畜的毒性中等，保管和使用应该注意安全。该药不能与碱性及含铜、汞的药剂混用。剂型有 40％可湿性粉剂。

3. 取代苯类杀菌剂

（1）甲基托布津　又名甲基硫菌灵。化学名称为 1,2-双(3-甲氧羰基-2-硫酰脲)苯，为广谱性内吸杀菌剂。对人、畜较安全。剂型有 50％、70％可湿性粉剂，使用浓度为 1000～1500 倍。

（2）百菌清　化学名称为 2,4,5,6-四氯-1,3 苯二甲腈。纯品为无味白色结晶，不溶于水，溶于有机溶剂。常温下稳定，对紫外线稳定，耐雨水冲刷，不耐强碱。对人、畜毒性低，但对皮肤和黏膜有刺激性。剂型为 75％可湿性粉剂，使用浓度为 500～800 倍。对多种真菌病害有效。用于防治黑星病、白粉病、早期落叶病等。

（3）甲霜灵 又名瑞毒霉、雷多米尔。化学名称为D,L-N（2,6-二甲基苯基)-N-(2′-甲氧基乙酰）丙氨酸甲酯。毒性低，内吸性能好，可上下传导，兼具保护和治疗作用。剂型为25%可湿性粉剂，使用浓度为1500～2000倍。用于防治霜霉病、褐腐病、疫病等。

4. 有机杂环类杀菌剂

（1）多菌灵 为苯并咪唑类化合物。化学名称为苯并咪唑基-2-氨基甲酸甲酯。剂型有25%、50%可湿性粉剂，使用浓度为1000～1500倍。其是一种高效、低毒、广谱性内吸杀菌剂，可用于防治子囊菌门和半知菌类真菌引起的多种植物病害等。

（2）三唑酮 又名粉锈宁。化学名称为1-(4-氯苯氧基)-3,3-二甲基-1-(1,2,4-三氮唑-1-基)-2-丁酮。对人、畜毒性低，对蜜蜂安全，是内吸性很强的杀菌剂，有保护、治疗和铲除作用。剂型有15%和25%可湿性粉剂、1%粉剂。一般15%三唑酮使用浓度为1000～2000倍。主要用于治疗各种植物的白粉病和锈病。

（3）苯莱特 又称苯菌灵。化学名称为1-正丁氨基甲酰-2-苯并咪唑氨基甲酸酯。纯品为白色结晶，不溶于水，微溶于乙醇，可溶于丙酮等各种有机溶剂。剂型一般为50%可湿性粉剂，使用浓度为1000～1500倍。本品为高效、低毒、广谱性内吸杀菌剂。在果实采收前3周应停止应用。

（4）烯唑醇 又称S-3308L、速保利。化学名称为(E)-1-(2,4-二氯苯基)-4,4-二甲基-2-(1,2,4-三唑-1-基)-1-戊烯-3-醇。本品是具有保护、治疗、铲除和内吸向顶传导作用的广谱杀菌剂。剂型有 2％、5％和 12.5％可湿性粉剂，50％乳剂。12.5％的可湿性粉剂使用浓度为2000～3000 倍。

5. 抗生素

（1）链霉素　是灰链丝菌分泌的抗生素。工业品多制成硫酸盐或盐酸盐。农业上利用其粗制品或下脚料。纯品为白色无臭但有苦味的粉末，对人、畜低毒。链霉素有很好的内吸治疗作用，主要用于防治各种细菌引起的病害。剂型为 72％农用硫酸链霉素可溶性粉剂。

（2）抗霉菌素 120　化学名称为嘧啶核苷类抗生素。该抗生素不仅具有抗多种植物病原菌的作用，还兼有刺激作物生长的效应。具有选择性毒性，对人、畜无害，易被土壤微生物降解，在植物体内存留时间一般不超过 72 小时。剂型有 2％和 4％水剂，2％水剂使用浓度 200 倍液，可用于防治果树各种白粉病、炭疽病、锈病、腐烂病、流胶病。

（3）多抗霉素　又名多氧霉素，化学名称为肽嘧啶核苷类抗生素，具有较好的内吸传导作用，为广谱性杀菌剂，具有保护和治疗作用，对人、畜低毒。剂型有 1.5％、2％、3％和 10％可湿性粉剂。1.5％可湿性粉剂可使用 300 倍液。对灰霉病、斑点落叶病等有效。

6. 无机杀菌剂

（1）波尔多液　波尔多液是用硫酸铜和石灰乳配制而成的药液，天蓝色。主要有效成分是碱式硫酸铜，是一种杀菌力强、持续时间长的杀菌剂。喷布在植物上，受到植物分泌物、空气中的二氧化碳以及病菌孢子萌发时分泌的有机酸等的作用，逐渐游离出铜离子，铜离子进入病菌体内，使细胞中原生质凝固变性，造成病菌死亡。该药剂几乎不溶于水，是一种胶状悬液，喷到植物表面后黏着力强，不易被雨水冲刷，残效期可达 15～20 天。

波尔多液的防病范围很广，可以防治多种果树病害，如霜霉病、黑痘病、疫病、炭疽病、溃疡病、疮痂病、锈病、黑星病等。使用时要根据不同果树对硫酸铜和石灰的敏感程度，来选择不同配比的波尔多液，以免造成药害。对铜离子较敏感的是核果类、仁果类、柿等，其中以桃、李和柿最敏感。桃树生长期不能使用波尔多液；柿树上要用石灰多量式的稀波尔多液。对石灰较为敏感的是葡萄等，一般要用半量式波尔多液。作伤口保护剂，常配成波尔多浆。配制比例为硫酸铜∶石灰∶水∶动物油＝1∶3∶15∶0.4。

根据硫酸铜和石灰的比例，波尔多液可分为等量式（1∶1）、半量式（1∶0.5）、倍量式（1∶2）、多量式[1∶（3～5）]和少量式[1∶（0.25～0.4）]等类别。波尔多液的倍数，表示硫酸铜与水的比例，如 200 倍的波尔多液表示在 200 份水中有 1 份硫酸铜。在生产实践中，常用两者的结合，表示波尔多液的配合比例。例如 160 倍等量式波尔多液，配合比例为硫酸铜∶石灰∶水＝1∶1∶160；240 倍半量式波尔多液的配合比例为 1∶0.5∶240 等。

波尔多液的配制方法有两种。

① 两液法　取优质的硫酸铜晶体和生石灰分别放在两个容器中，先用少量水消化石灰和少量的热水溶解硫酸铜，然后分别加入全水量的 1/2，配制成硫酸铜液和石灰乳，待两种液体的温度相等且不高于室温时，将两种液体同时徐徐倒入第三个容器内，边倒边搅拌，即成。此法配

制的波尔多液质量高。

②稀铜浓灰法　以9/10的水量溶解硫酸铜，用1/10的水量消化生石灰（搅拌成石灰乳），然后将稀硫酸铜溶液缓慢倒入浓石灰乳中，边倒边搅拌，即成。注意绝不能将石灰乳倒入硫酸铜溶液中，否则会产生络合物沉淀，降低药效，产生药害。

③配制时的注意事项

a. 选用高质量的生石灰和硫酸铜。生石灰以白色、质轻、块状的为好，尽量不要使用消石灰，若用消石灰，也必须用新鲜的，而且用量要增加30％左右。硫酸铜最好用纯蓝色的，不夹带有绿色或黄绿色的杂质。

b. 配制时水温不宜过高，一般不超过室温。

c. 波尔多液对金属有腐蚀作用，配制时不要用金属容器，最好用陶器或木桶。

d. 刚配好后悬浮性能很好，有一定稳定性，但放置时间过长悬浮的胶粒就会互相聚合沉淀并形成结晶，黏着力差，药效降低。使用波尔多液时应现配现用，不宜久放。

（2）石硫合剂　是用生石灰、硫黄粉和水熬制而成的一种深红棕色透明液体，呈强碱性，有臭鸡蛋味。有效成分为多硫化钙。多硫化钙的含量与药液密度呈正相关，常用波美计测定，以波美度（°Bé）表示。

①熬制方法　生石灰1份、硫黄粉2份、水12～15份。把足量的水放入铁锅中加热，放入生石灰制成石灰乳，煮至沸腾时，把事先用少量水调成糊糊状的硫黄浆徐徐加入石灰乳中，边倒边搅拌，同时记下水位线，以便随时添加开水，补足蒸发掉的水分。大火煮沸45～60分钟，

并不断搅拌。待药液熬成红褐色，锅底的渣滓呈黄绿色即成。

按上述方法熬制的石硫合剂，一般可以达到 22～28 波美度。

② 熬制石硫合剂注意事项

a. 一定要选择质轻、洁白、易消解的生石灰。

b. 硫黄粉越细越好，最低要通过 40 号筛目。

c. 前 30 分钟熬煮火要猛，以后保持沸腾即可；熬制时间不要超过 60 分钟，但也不能低于 40 分钟。

石硫合剂可用于防治各种果树病害的休眠期防治。它的使用浓度随防治对象和使用时的气候条件而变。果树休眠期使用 5°Bé。

石硫合剂的稀释倍数可按下式计算。

$$加水稀释倍数 = \frac{原液波美度}{需要稀释的波美度} - 1$$

五、主要杀虫剂

1. 特异性昆虫生长调节剂类

（1）灭幼脲 又叫灭幼脲 1 号、3 号，苏脲 1 号。属低毒杀虫剂。本品主要是胃毒作用。田间残效期 15～20 天，对人、畜和天敌昆虫安全。用于防治黏虫、松毛虫、美国白蛾、柑橘全爪螨、菜青虫、小菜蛾等。灭幼脲施药后 3～4 天始见效果，需适当提早使用，也不宜与碱性物质混合。制剂为 25％灭幼脲 3 号悬浮剂。

（2）除虫脲 又叫敌灭灵。属低毒药剂。对昆虫主要是胃毒和触杀作用。用于防治黏虫、玉米螟及蔬菜、园林上的鳞翅目幼虫。剂型为 20％除虫脲悬浮剂。

（3）定虫隆　又名抑太保。胃毒作用为主，兼有触杀性。对鳞翅目幼虫有特效，但一般用药后3～5天才能见效，与其他杀虫剂无交互耐药性，对家蚕高毒。对小菜蛾、菜青虫、甜菜夜蛾、斜纹夜蛾等多种对有机磷、拟除虫菊酯农药产生抗性的鳞翅目害虫有较高防治效果。剂型为5％乳油。

（4）氟苯脲　又名农梦特、伏虫隆、特氟脲。毒性和杀虫机理同灭幼脲3号，对鳞翅目幼虫有特效，尤其防治对有机磷、拟除虫菊酯类农药等产生抗性的鳞翅目和鞘翅目害虫有特效，宜在卵期和低龄幼虫期应用，但对叶蝉、飞虱、蚜虫等刺吸式口器害虫无效。剂型为5％乳油。

（5）氟虫脲　又名卡死克，是一种低毒的酰基脲类杀虫、杀螨剂。毒性和杀虫机理同灭幼脲3号，具有触杀和胃毒作用，可有效地防治果树、蔬菜、花卉、茶、棉花等作物的鳞翅目、鞘翅目、双翅目、同翅目、半翅目害虫及各种害螨。剂型为5％乳油。

（6）氟铃脲　又名盖虫散，属苯甲酰基脲类杀虫剂，是几丁质合成抑制剂，具有很高的杀虫和杀卵活性，而且速效，尤其防治棉铃虫效果好，用于蔬菜、果树、棉花等作物防治鞘翅目、双翅目、同翅目和鳞翅目多种害虫。剂型为5％乳油。

（7）杀铃脲　又名杀虫隆、氟幼灵，有高效、低毒、低残留等优点。该杀虫剂与25％灭幼脲相比，杀卵、虫效果更好，持效期长。剂型为20％悬浮剂。防治金纹细蛾的适宜浓度为8000倍液；防治桃小食心虫，在成虫产卵初期、幼虫蛀果前喷6000～8000倍液。

（8）丁醚脲　又名宝路，是一种新型硫脲类、低毒、选择性杀虫、杀螨剂，具有内吸、熏蒸作用，广泛应用于防治果树、蔬菜、茶和棉花的蚜虫、叶蝉、粉虱、小菜蛾、菜粉蝶、夜蛾等害虫，但对鱼和蜜蜂的毒性高。应注意施用地区和时间。剂型为50％宝路可湿性粉剂。

（9）抑食肼　又名虫死净。属中毒昆虫生长调节剂，以胃毒为主，施药后2～3天见效，持效期长，适用于防治蔬菜、果树和粮食作物等的多种害虫。剂型为20％可湿性粉剂。

（10）吡虫啉　又名蚜虱净、扑虱蚜、比丹、康福多、高巧等，是一种硝基亚甲基化合物，属于新型拟烟碱类、低毒、低残留、超高效、广谱、内吸性杀虫剂，有较高的触杀和胃毒作用。害虫接触药剂后，中枢神经正常传导受阻，麻痹死亡。速效，且持效期长，对人、畜、植物和天敌安全。适于防治果树、蔬菜、花卉、经济作物等的蚜虫、粉虱、木虱、飞虱、叶蝉、蓟马、甲虫、白蚁及潜叶蛾等害虫。剂型为10％和25％吡虫啉可湿性粉剂、20％康福多浓可溶剂、70％艾美乐水分散粒剂等。

2. 拟除虫菊酯类杀虫剂

（1）氯菊酯　又名二氯苯醚菊酯、除虫精。属低毒杀虫剂。具有触杀和胃毒作用，杀虫谱广，可用于防治果树上多种害虫，尤其适用于卫生害虫的防治。剂型为10％氯菊酯乳油。

（2）溴氰菊酯　又名敌杀死。毒性中等。用于防治棉铃虫、桃小食心虫等。剂型为2.5％乳油。

（3）氰戊菊酯　又名速灭杀丁、速灭菊酯。属中等毒性杀虫剂。杀虫谱广，对天敌无选择性，以触杀、胃毒作用为主，适用于防治果树、蔬菜、多种花木上的害虫。剂型为20％乳油。

（4）氯氰菊酯　又称兴棉宝、安绿宝等，是一种高效、中毒、低残留农药。对人、畜安全。对害虫有触杀和胃毒作用，并有拒食作用，但无内吸作用，杀虫谱广，药效迅速。可防治园林、果树、蔬菜上的多种鳞翅目害虫、蚜虫及蚧虫等。剂型为10％乳油、2.5％高渗乳油和4.5％高效氯氰菊酯乳油。

（5）顺式氯氰菊酯　又名高效氯氰菊酯，属中毒农药。对昆虫有很高的胃毒和触杀作用，击倒性强，且具杀卵活性。在植物上稳定性好，能抗雨水冲刷。剂型为5％、10％乳油，防治对象同氯氰菊酯。

（6）甲氰菊酯　又名灭扫利。中等毒性农药，有选择作用的杀虫杀螨剂，有较强的拒避和触杀作用，触杀幼虫、成虫与卵。对鳞翅目害虫、叶螨、粉虱、叶甲等有较高防治效果。剂型为20％乳油。

（7）三氟氯氰菊酯　又名功夫菊酯。杀虫谱广，具极强的胃毒和触杀作用，杀虫作用快，持效期长。对鳞翅目害虫、蚜虫、叶螨等均有较高的防治效果。剂型为5％乳油。

3. 有机磷杀虫剂

（1）敌百虫　为高效、低毒、低残留、广谱性杀虫剂，纯品为白色结晶。易溶于水，但溶解速度慢，也能溶于多种有机溶剂，但难溶于汽油。具有胃毒（为主）和触杀（弱）作用，剂型为90％晶体、80％可溶水剂和2.5％粉剂等。对鳞翅目幼虫如梨食心虫、桃食心虫、松毛虫、刺蛾、袋蛾等有很好的防治作用。

（2）辛硫磷　为高效、低毒、无残毒危险的有机磷杀虫剂。有触杀和胃毒作用，适于防治地下害虫，对鳞翅目幼虫有高效，也适用于喷雾防治果树害虫，如卷叶蛾、尺蛾、粉虱类等。在施入土中时，药效期可达1个多月。用于喷雾防治害虫时，极容易光解，药效期仅为2～3天。剂型为50％乳油。

（3）蔬果磷　又名水杨硫磷。高效中毒农药，具触杀作用，速效性和持效性好。剂型为40％乳油。适用于防治鳞翅目害虫、蚜虫、介壳虫、梨冠网蝽、天牛等。梨树对此药较敏感，应谨慎施用。

（4）毒死蜱　又名乐斯本。高效、中毒农药，有触杀、胃毒和熏蒸作用。剂型为40％乳油。适于防治各种鳞翅目害虫。对蚜虫、害螨、潜叶蝇也有较好防治效果，在土壤中残效期长，也可防治地下害虫。

4. 氨基甲酸酯类杀虫剂

（1）西维因　通用名甲萘威。有触杀兼胃毒作用，杀虫谱广，对人、畜低毒。一般使用浓度下对作物无药害。能防治果树的咀嚼式及刺吸式口器害虫，还可用来防治对有机磷农药产生抗性的一些害虫，可用于防治园林刺蛾、食心虫、潜叶蛾、蚜虫等。剂型有25％西维因可湿性粉剂。

（2）抗蚜威　又称辟蚜雾。本品为高效、中等毒性、低残留的选择性杀蚜剂，具有触杀、熏蒸和内吸作用。植物根部吸收后，可向上输导。有速效性，持效期不长。可用于防治果树上的蚜虫，但对棉蚜效果很差。制剂为50％可湿性粉剂。

（3）异丙威　又称叶蝉散、灭扑散。该药对飞虱、叶蝉科害虫具有强烈的触杀作用，对飞虱的击倒力强，药效迅速，但该药的残效期较短，一般只有 3～5 天。可用于防治果树飞虱、叶蝉等害虫。常用制剂为 2％、4％异丙威粉剂，20％异丙威乳油，50％异丙威乳油。

（4）硫双威　又名拉维因，是新一代的双氨基甲酸酯杀虫剂，高效、广谱、持久、安全，有内吸、触杀、胃毒作用，经口毒性高，但经皮毒性低，对鳞翅目害虫有较好的防治效果。商品剂型为 75％可湿性粉剂、37.5％胶悬剂。

5. 沙蚕毒素类杀虫剂

（1）杀虫双　杀虫双在土壤中的吸附力很小。有胃毒、触杀、熏蒸和内吸作用，特别是根部吸收力强。是一种较为安全的杀虫剂。对高等动物毒性较低。慢性毒性未发现异常。药效期一般只有 7 天左右。杀虫双对家蚕毒性大，在蚕桑区使用要谨慎，以免污染桑叶。剂型为 25％水剂和 3％颗粒剂。

（2）巴丹　又叫杀螟丹。对人、畜毒性中等。对害虫具有触杀和杀卵作用，对鳞翅目幼虫、半翅目害虫特别有效。巴丹对家蚕毒性大，使用时要采取措施，以免污染桑叶。制剂为 50％可溶性粉剂。

6. 杀螨剂及其他

杀螨剂是指专门用来防治害螨的一类选择性的有机化合物。这类药剂化学性质稳定，可与其他杀虫剂混用，药效期长，对人、畜、植物和天敌都较安全。

（1）三氯杀螨醇　本品杀螨活性高，具较强的触杀作用，对成、若螨和卵均有效，可用于果树、花卉等作物防治多种害螨。制剂为 20％乳油。

（2）尼索朗　本品是一种噻唑烷酮类新型杀螨剂，对多种害螨具有强烈的杀卵、杀幼若螨的特性，对成螨无效，但接触药剂的雌成螨所产的卵不能孵化。残效期长，药效可保持 50 天左右。该药主要用于防治叶螨，对锈螨、瘿螨防效较差。剂型为 5％乳油和 5％可湿性粉剂。

（3）克螨特 本品为低毒广谱性有机硫杀螨剂，具有触杀和胃毒作用，对成、若螨有效，杀卵效果差。使用时在 20℃以上可提高药效，20℃以下随温度下降而递减。可用于防治蔬菜、果树、茶、花卉等多种作物的害螨。剂型为 73％乳油。

（4）螨卵酯 本品对螨卵和幼螨触杀作用强，对成螨防治效果很差。可与各种农药混用。用以防治朱砂叶螨、果树红蜘蛛等。加工剂型有 20％可湿性粉剂和 25％乳剂。

（5）灭蜗灵 化学名称为四聚乙醛。灭蜗灵主要用于防治蜗牛和蛞蝓。可配成含 2.5％～6％有效成分的豆饼或玉米粉的毒饵，傍晚施于田间诱杀。剂型有 3.3％灭蜗灵 5％砷酸钙混合剂，4％灭蜗灵 5％氟硅酸钠混合剂。

7. 天然有机杀虫剂

（1）微生物源杀虫剂

① 阿维菌素 又名爱福丁、阿巴丁、害极灭、齐螨素、虫螨克、杀虫灵等，是一种生物源农药，即真菌菌株发酵产生的抗生素类杀虫、杀螨剂，对人、畜毒性高，对蔬菜、果树、花卉、大田作物和林木的蚜虫、叶螨、斑潜蝇、小菜蛾等多种害虫、害螨有很好的触杀和胃毒作用。剂型为 0.9％、1.8％乳油或水剂。

② 苏云金杆菌 又名敌宝、包杀敌等。原药为黄色固体，是一种细菌杀虫剂，属于好气性蜡状芽孢杆菌，芽孢内产生杀虫的蛋白晶体。现已报道，有 34 个血清型、

50多个变种，是一种低毒的微生物杀虫剂。该菌是革兰氏阳性土壤芽孢杆菌，在形成的芽孢内产生晶体（即δ-内毒素），进入昆虫中肠的碱性条件下降解为杀虫毒素。

（2）植物源杀虫剂

① 苦参碱　又名苦参素，是一种利用有机溶剂从苦参中提取的低毒、广谱性植物源杀虫剂，具有胃毒、触杀作用，对蚜虫、蚧、螨和菜粉蝶、夜蛾、韭蛆、地下害虫等有明显的防治效果。剂型有 0.2％、0.3％和 3.6％水剂，1％醇溶液，1.1％粉剂。

② 楝素　又名蔬果净，是一种低毒植物源杀虫剂，具有胃毒、触杀和拒食作用，但药效缓慢，主要用于防治蔬菜上的鳞翅目害虫。剂型有 0.5％楝素杀虫乳油、0.3％印楝素乳油。

（3）石油乳剂　它是石油、乳化剂和水按比例制成的。它的杀虫作用主要是触杀。石油乳剂能在虫体或卵壳上形成油膜，使昆虫及卵窒息死亡。该药剂是最早使用的杀卵剂，供杀卵用的含油量一般在 0.2％～2％。一般来说，分子量越大的油，杀虫效力越高，对植物药害也越大。不饱和化合物成分越多，对植物越易产生药害。防治园艺植物害虫的油类多属于煤油、柴油和润滑油。该药剂可用来防治果树林木的介壳虫。使用时注意不要污染环境，不要对植物产生药害。

8. 石硫合剂

石硫合剂可用于防治介壳虫、螨类等。可与其他有机杀虫剂交替使用防治螨类，以减少因长期使用同一种类杀虫剂而产生抗性的可能。因呈强碱性，有侵蚀昆虫表皮蜡质层的作用，对介壳虫和螨类有较好的防治效果。

第五节　樱桃病害

一、细菌性穿孔病

1. 症状

主要为害叶片，也可为害新梢和果实。

（1）叶片受害　在叶背近叶脉处产生淡褐色水渍状小斑点，随后叶面也出现，多在叶尖或叶边缘散生。病斑扩大后成为紫褐色至黑色圆形或不规则形病斑，边缘角质化，病斑周围有水渍状黄绿色晕环。最后病斑干枯脱落形成穿孔。有时数个病斑相连，形成一大斑，焦枯脱落后形成一大的穿孔，孔边缘不整齐。

（2）枝梢受害　病斑有春季溃疡和夏季溃疡两种类型。

① 春季溃疡斑　春季展叶时，上一年抽生的枝条上产生直径 2 毫米左右的暗褐色水渍状小疱疹，后扩大，春末夏初，病斑表皮破裂，流出黄色菌脓。

② 夏季溃疡斑　夏末于当年生新梢上，以皮孔为中心，形成水渍状、圆形或椭圆形的暗紫色斑，稍凹陷，边缘水渍状，病斑很快干枯。

（3）果实受害　初产生褐色小斑点，后为近圆形、暗紫色病斑。病斑中央稍凹陷，边缘呈水渍状，干燥后病部常裂纹。天气潮湿时病斑上出现黄白色菌脓。

2. 传播途径

病菌在落叶或枝梢上越冬。翌春树体开花前后，病菌从坏死的组织内溢出，借风雨或昆虫传播，经叶片气孔侵入，空气相对湿度 70%～90% 利于发病。

多雨、多雾、通风透光差、排水不良、树势弱、偏施氮肥的樱桃园，发病较重。

3. 防治方法

（1）增施有机肥，增强树势，合理修剪，做到通风透光，及时排水。

（2）冬季清除落叶，剪除病梢，集中烧毁。

（3）发芽前喷布 4～5 波美度石硫合剂；发芽后树体喷布 72％农用链霉素 3000 倍液、硫酸链霉素 4000 倍液、65％代森锌 500 倍液等，生长后期喷 1：1：100 硫酸锌石灰液。

二、樱桃穿孔性褐斑病

1. 症状

叶片发病，有针头大带紫色斑点，后扩大为圆形褐色斑块，中心浅褐色，边缘褐红色。病部干燥收缩，周缘产生离层，脱落成褐色穿孔。边缘不明显，斑上具黑色小粒点，即病菌的子囊壳或分生孢子梗基部。7～8 月份危害最重。

2. 传播途径

病菌以子囊壳在病叶上越冬，翌年由此产出孢子，进行初侵染和再侵染。

3. 防治方法

① 冬季落叶后，清理落叶深埋或烧毁。

② 发芽前喷布 45％晶体石硫合剂 30 倍液；落花后喷布 70％代森锰锌可湿性粉剂 800 倍液或 75％百菌清可湿性粉剂 700～800 倍液或 70％甲基托布津 1000～1500 倍液，7～10 天喷药 1 次；雨季前喷 72％农用链霉素 3000 倍液或 50％多菌灵 800 倍液防治；雨季可喷布 12.5％可

湿性粉剂烯唑醇 2000～3000 倍液防治。

三、樱桃根癌病

1. 症状

根癌病是根部肿瘤病。肿瘤多发生在表土下根茎部和主根与侧根连接处，或接穗与砧木愈合处。病菌从伤口侵入。在病原刺激下，根细胞迅速分裂形成瘤肿。瘤肿多为圆形，大小不一。幼嫩瘤淡褐色，表面粗糙，似海绵状，随生长外层细胞死亡，颜色加深，内部木质化，形成坚硬的瘤。患病树体，早期地上部分表现不明显。随病情扩展，肿瘤变大增多，细根少，树势衰弱，病株矮小，叶色黄化，提早落叶，严重时全株干枯死亡。

2. 传播途径

根癌菌是一种土壤农杆菌。该细菌在土壤中能存活 1 年。雨水、灌水、地下害虫、修剪工具、病组织及有病菌的土壤，都可传病。低洼地、碱性地和黏土地樱桃园发病较重。

3. 防治方法

（1）禁止调入带病苗木，选用无病苗或抗病砧木。定植前，用 K84 菌药剂处理根系，防治根癌病菌效果好。对感病植株刮除肿瘤后，用 K84 菌药剂涂抹病部根系，用其菌水灌根，效果较好。

（2）增强树势，提高抗病力。

四、樱桃叶斑病

1. 症状

叶片发病，正面叶脉间产生色泽不同的死斑，扩大后成褐色或紫色形状不规则病斑，使叶片变黄、脱落，形成穿孔。斑点背面出现粉红色霉。有时叶柄、果实也会受到侵染，产生褐色病斑。

2. 传播途径

在落叶上越冬的病菌，春暖后形成子囊及子囊孢子。樱桃开花时，孢子成熟，随风雨传播，侵入后经 1～2 周的潜伏期表现症状，产生分生孢子，借风雨重复侵染。

3. 防治方法

（1）冬季落叶后，清理落叶，深埋或烧毁。

（2）落花后喷 1 次 1∶2∶160 倍波尔多液，隔 15 天再喷 1 次。还可用 50％扑海因可湿性粉剂 1000 倍液、2％农抗 120 水剂 250 倍液交替防治。用 0.2～0.3 波美度石硫合剂喷杀效果也较好。

五、樱桃干腐病

1. 症状

干腐病主要为害主干和主枝。发病初病斑暗褐色，不规则形，病皮坚硬，常渗出茶褐色黏液，后病部干枯、凹陷，黑褐色，周缘开裂，表面密生小黑点。病部限于皮层，衰老树上可烂到木质部。

2. 传播途径

病菌以菌丝体、分生孢子器和子囊壳在病树皮内越冬。翌春病菌靠风雨传播，从伤口、枯芽和皮孔侵入。

3. 防治方法

（1）涂药保护伤口，防冻害。

（2）及时刮治病斑，刮治后涂药保护。

（3）发芽前喷机油乳剂或 30 倍液的石硫合剂，铲除越冬病菌。

（4）5～6 月喷 1：2：240 倍波尔多液 2 次，保护树体。

六、侵染性流胶病

1. 症状

主要为害枝干。1 年生嫩枝染病后，以皮孔为中心，形成直径为 1～4 毫米的瘤状突起，上散生小黑点，当年不流胶。翌年 5 月，瘤皮开裂，溢出树脂，由无色半透明逐渐变为茶褐色胶体。多年生枝产生水疱状隆起，直径为 1～2 厘米，有树胶流出。

2. 传播途径

以菌丝体和分生孢子器，在被害枝内越冬。翌春 3～4 月份，弹射出分生孢子，随风雨传播，从伤口、皮孔和侧芽侵入。

3. 防治方法

（1）结合冬剪，清除病枝，销毁。

（2）在樱桃休眠期进行刮胶和除掉腐烂树皮，用 3～5 波美度石硫合剂或 40％福美砷 50～100 倍液，连续 3 次涂抹病斑，对病斑防效可达 70％～85％，效果比较明显。用生石灰 10 份、石硫合剂 1 份、食盐 2 份和植物油 0.3 份加水调制成保护剂涂抹伤口，或涂抹硫黄胶悬剂配合农用链霉素、多菌灵加赤霉素等。也可在伤口上涂 45％的晶体石硫合剂 20 倍液，后涂白铅油或煤焦油保护，促进伤口快速愈合。

七、樱桃炭疽病

1. 症状

感病果上形成褐色凹状病斑，在病斑上形成橙黄色孢子堆，果实腐烂。在果实成熟期，该病能发生 2 次侵染，也能侵染叶片和枝条，感染后易枯死。该病在樱桃接近采收时易发生，多雨年份发生较重。

2. 传播途径

病果病枝形成大量分生孢子，由风雨传播。该菌具潜伏侵染特性，染病后多在成熟期或储藏期发病。病菌以菌丝在病果和干枝上越冬。

3. 防治方法

（1）冬季剪除病枯枝和僵果，集中烧毁。

（2）樱桃谢花后 7～10 天开始，每 10～14 天喷 1 次药，药剂可选用 50％苯菌灵可湿性粉剂 700 倍液、70％甲基硫菌灵可湿性粉剂 800 倍液、50％多菌灵可湿性粉剂 600 倍液等。该病害最好与樱桃褐斑病结合在一起防治。

八、樱桃褐腐病

1. 症状

主要为害樱桃的花和果实，引起花腐和果腐。发病初期，花器渐变成褐色，直至干枯；后期病部形成一层灰褐色粉状物；从落花后 10 天幼果开始发病，果面上形成浅褐色小斑点，扩大为黑褐色病斑。幼果不软腐；成熟果发病，初在果面产生浅褐色小斑点，迅速扩大后造成整个果实软腐。

2. 传播途径

病果、病花等感病组织产生分生孢子，由风、雨传播。

3. 防治方法

（1）冬季将落叶、病果摘除，烧毁。合理修剪，树冠通风透光。

（2）发芽前喷1次3～5波美度石硫合剂；樱桃谢花后7～10天开始，每隔10～14天喷洒1次杀菌剂，药剂可选用50％异菌脲可湿性粉剂1500倍液、70％代森锰锌可湿性粉剂600倍液和72％福美锌可湿性粉剂500倍液等。

第六节　樱桃虫害

一、樱桃红蜘蛛

为害樱桃的红蜘蛛主要是山楂红蜘蛛，也叫山楂叶螨。

1. 为害状

以成螨、若螨与幼螨刺吸芽、叶、果的汁液。叶片受害初期呈现许多失绿小斑点，后逐渐扩大连成片。严重时，群集在叶丛吐丝结网、产卵，使甜樱桃全叶发生枯焦早落。

2. 形态特征

成螨有冬型与夏型之分。冬型体长0.4～0.6毫米，朱红色，有光泽；夏型体长0.5～0.7毫米，紫红或褐色，体背后半部两侧各有一个大黑斑，足浅黄色，体卵圆形。

卵球形，浅黄白至橙黄色。

幼螨有足3对，体圆形，黄白色，取食后为卵圆形，浅绿色，体背两侧出现深绿色长斑。

若螨有足4对，淡绿至浅橙黄色，后期与成螨相似。

3. 发生规律

1年发生5～9代，以受精的雌螨在枝干树皮裂缝内、老粗翘皮下或靠近树干基部土块缝隙内越冬。春季芽膨大时雌螨出蛰上树。芽现绿时转到芽上危害，展叶后转到叶上取食。初花期至盛花期是红蜘蛛产卵盛期。6月中旬后，各虫态同时存在，较难防治。7～8月份螨量达最高峰，危害严重，往往使叶片焦枯，危害直至9月中下旬。

山楂红蜘蛛不活泼，常以小群在叶背危害，吐丝拉网，卵多产在叶背主脉两侧和丝网上。

4. 防治方法

(1) 发芽前刮除枝干老翘皮，清扫落叶，集中烧毁。出蛰前在树干基部培土拍实，防越冬雌螨出土上树。

(2) 发芽前喷3～5波美度石硫合剂或5%的柴油乳剂；出蛰盛期喷洒0.3～0.5波美度石硫合剂；樱桃谢花后1～2周，幼、若螨活动期喷20%哒螨灵1000～1500倍液、75%克螨特2000倍液、1.0%阿维虫清乳剂4000倍液、0.9%齐螨素2000倍液等。

二、桑白蚧

桑白蚧又名桑盾蚧、桑介壳虫。

1. 为害状

雌成虫、若虫刺吸枝干、叶片、果实的汁液，使树势衰弱，降低果实产量和品质。

2. 形态特征

雌成虫介壳灰白至灰褐色，近圆形，长2毫米，有螺旋形纹，壳点黄褐色，偏生一方。雌虫体长0.9～1.2毫米，淡黄至橙黄色。雄虫体略短，橙黄至橘红色，触角念珠状，有毛，前翅卵形，灰白色，被细毛，后翅化为平衡棒。介壳白色，背面有三条纵脊，壳点橙黄色，位于前端。

卵椭圆形，长 0.3 毫米，初生出时粉红色，后变为黄褐色，孵化前为橘红色。

若虫初孵化时黄褐色，扁椭圆形，长 0.3 毫米，两眼间具两个腺孔，分泌棉毛状蜡丝覆盖身体。2 龄时眼、触角、足及尾毛退化。

蛹橙黄色，长椭圆形，仅雄虫有蛹。

3. 发生规律

北方地区 1 年发生 2 代。以二代受精雌虫于枝条上越冬。寄主萌动时，越冬雌虫开始吸食，4 月下旬至 5 月上中旬产卵于介壳下。卵期 9～15 天，5 月间孵化。初孵化若虫多分散到 2～5 年生枝上固着取食，以分杈处和阴面较多。6～7 月份，若虫开始分泌棉毛状蜡丝，形成介壳。第 1 代若虫期为 40～50 天，6 月下旬开始羽化，7 月上中旬为羽化盛期。卵期 10 天左右。第 2 代若虫 8 月上旬为盛发期，若虫期为 30～40 天。9 月间，若虫羽化交配后，雄虫死亡，雌成虫为害至 9 月下旬开始越冬。

4. 防治方法

（1）冬季人工刷树皮，消灭越冬雌成虫。

（2）萌芽期，喷 1 次 5 波美度石硫合剂；各代若虫孵化盛期，喷 48％乐斯本 1200 倍液。

三、梨圆蚧

梨圆蚧别名梨枝圆盾蚧、梨笠圆盾蚧。

1. 为害状

雌成虫及若虫刺吸枝干、叶片和果实的汁液，造成树势衰弱，降低果实产量和品质。

2. 形态特征

雌成虫介壳近圆形，稍隆起，直径为 1.7 毫米，灰白至灰褐色，具同心轮纹。壳点位于中央，黄色至黄褐色。虫体近扁圆形，橙黄色，后端稍尖。雄体 0.6 毫米，淡橙黄色，中胸前盾片色深，呈横带状。雄虫介壳长椭圆形，似鞋底状，长 1.2～1.5 毫米，头端略宽。壳点偏向头端，介壳上具三条轮纹。介壳的质地与色泽同雌虫介壳。

若虫初产出时体长 0.2 毫米，椭圆形，扁平，淡黄色至橘黄色。

雄虫具裸蛹，橘黄色。

3. 发生规律

北方地区 1 年发生 2～3 代，多以 2 龄若虫在枝条上越冬。翌春树液流动后开始为害，并蜕皮为 3 龄，雄雌分化。5 月中下旬至 6 月上旬，羽化为成虫。6 月中旬开始产卵，持续 20 多天。第 1 代成虫期在 7 月下旬至 8 月上中旬，8 月下旬至 10 月上旬为产卵期。每头雌虫产卵可持续 38 天。第 2 代若虫到 2 龄便进入越冬状态。卵孵化出的若虫，很快钻出壳外，在树上爬行，在 2～5 年生枝干上分布较多。雄虫喜欢伏在叶背主脉两侧，固着 1～2天后开始分泌棉毛状蜡丝，形成介壳。各代产卵期，越冬代在 6 月上旬至 7 月上旬；第 1 代在 7 月下旬至 9 月上旬；第 2 代 9 月份至 11 月上旬。其天敌有红点唇瓢虫、肾斑唇瓢虫、红圆蚧金黄蚜小蜂和短缘毛蚧小蜂等。

4. 防治方法

（1）剪除虫枝烧毁或硬毛刷刷抹有虫枝。

（2）发芽前喷含油量 5% 的机油乳剂。

（3）为害期用 10% 吡虫啉可湿性粉剂 100 倍液涂树干，用毛刷蘸药在树干上部或主枝基部涂 6 厘米宽的药环，涂后用塑料膜包扎。

四、草履蚧

草履蚧别名草鞋介壳虫、柿草履蚧等。

1. 为害状

若虫和雌成虫刺吸嫩枝芽、枝干和根的汁液。

2. 形态特征

雌成虫体长 10 毫米，椭圆形，背面隆起似草鞋，浅紫灰色，被白蜡粉。雄成虫体长 5～6 毫米，头、胸黑色，腹部紫褐色。有翅一对，灰黑色。

卵椭圆形，淡黄色至褐色，光滑，产于卵囊内。卵囊长椭圆形，白色，蜡质绵状。

若虫体形与雌成虫相似，体小色深。

雄蛹 5 毫米长，褐色，圆筒形，外被白色绵状物。

3. 发生规律

该虫 1 年发生 1 代，以卵和若虫在树干周围土缝、砖石块下或米土层中、杂草下越冬。卵在 1 月中旬孵化，孵化出的若虫暂居卵囊内，樱桃树芽萌时开始上树。先集中于根部和地下茎群集吸食汁液，随即上树为害。稍大后喜在较粗的枝条阴面群集为害。1 龄若虫期长达 70～90 天。经第 1 次蜕皮后虫体增大，开始分泌灰白色蜡质粉。第 2 次蜕皮后，雌雄若虫分化。雄虫化蛹，5 月上中旬羽化为成虫为害。交配后雄虫死亡，雌虫受精后腹部膨大，于 5 月中下旬下树入土，分泌卵囊，产卵于其中。以卵越夏或越冬。

其天敌为黑缘红瓢虫。

4. 防治方法

（1）雌成虫下树产卵期，于树干基部挖坑，内放杂草等诱集雌虫产卵，集中销毁。

（2）冬季或芽露绿色期，喷 45％晶体石硫合剂 30 倍液。

（3）若虫上树前，在树干下部刮除 10 厘米宽的老翘皮一圈（树干光滑者不刮皮），上涂废机油，隔 10～15 天涂 1 次，共涂 2～3 次，清除刮皮下部若虫。

（4）在若虫分散转移期和分泌蜡介壳前，喷 25％灭幼酮可湿性粉剂 1500 倍液。

五、梨花网蝽

梨花网蝽又称梨军配虫。

1. 为害状

成虫、若虫在叶背面刺吸叶片汁液，叶被有许多黑褐色斑点状的黏稠粪便，叶片正面沿叶片主脉变成褐色。

2. 形态特征

成虫体长 3～3.5 毫米，黑褐色。头胸背部隆起，前胸两侧和前翅为半透明，有网状纹。

卵长椭圆形，一端稍弯曲。

若虫初孵及刚蜕皮时为白色，后渐变为褐色，头、胸、腹两侧各生有刺状突起。

3. 发生规律

1 年发生 4～5 代，以成虫在翘皮、裂缝、土块、落叶、杂草下越冬，树干基部附近越冬虫量较大。翌年樱桃落花期出土，出现第 1 代卵。越冬代成虫多在树冠下部叶片为害，以后各代逐渐向树冠上部扩展。各代若虫盛期分别为 5 月下旬、7 月中旬、8 月上旬、9 月上旬，其中第 1

代若虫发生期比较集中,是药剂防治的关键时期。8月以后危害严重。9月下旬,成虫进入越冬期。主要天敌有草蛉蛉和小花椿象等。

4. 防治方法

(1)秋冬季节彻底清除果园内的落叶、杂草,刮除主干上的老翘皮,集中烧毁。

(2)发芽前喷石硫合剂,成虫和若虫发生期,可用20%杀灭菊酯乳油 2000 倍液、48%乐斯本 1500 倍液或10%吡虫啉 4900 倍液,重点喷叶片背面。

六、大青叶蝉

大青叶蝉别名青叶蝉、大绿浮尘子。

1. 为害状

成虫和若虫刺吸枝叶汁液,在北方地区,成虫产越冬卵于果枝皮下,刺破表皮,常引起冬、春抽条。

2. 形态特征

成虫体长 7～10 毫米。雄虫较雌虫略小,青绿色,头橙黄色,左右各具 1 个小黑斑。单眼两个,红色。前翅革质,绿色。腹部两侧和腹面橙黄色,足黄白色至橙黄色,有跗节 3 节。

卵长卵圆形,微弯曲,一端较尖,乳白色至黄白色。

若虫与成虫相似,共 5 龄。初龄灰白色;2 龄淡灰色微带黄绿色;3 龄灰黄绿色,胸腹背面有 4 条褐色纵纹,出现翅芽;4 龄、5 龄与 3 龄相似。老熟若虫体长 6～8毫米。

3. 发生规律

该虫在北方地区 1 年发生 3 代,以卵在枝条表皮下越冬。4月份孵化，第1、第2代主要危害杂草和蔬菜等农作物。至10月中旬第3代成虫陆续转移到果树上为害，并产卵于枝条上，以产卵器刺破表皮成月牙形伤口，产6～12粒卵于其中，排列整齐，产卵处的表皮呈肾形凸起。10月下旬为产卵盛期，直至秋后。成虫有趋光性。

4. 防治方法

（1）结合冬剪，收集虫梢烧毁。在成虫产越冬卵前，用塑料袋套住1～2年生幼树树体至基部，阻止成虫产卵。

（2）发芽前，喷布5波美度石硫合剂或晶体石硫合剂20～50倍液。10月中下旬，对树体叶片喷吡虫啉3000～4000倍液。

七、舟形毛虫

舟形毛虫别名苹果天杜蛾。

1. 为害状

以幼龄幼虫群集叶面啃食叶肉，残留叶脉和下表皮，被害叶呈网状。幼虫稍大则将叶片啃食成缺刻，甚至全叶被食，仅留叶柄，造成全树叶片被食光，产量受损，易造成秋季开花，严重影响树势及下一年的产量。

2. 形态特征

雌成虫蛾体长30毫米左右，雄蛾略小。全体黄白色，复眼黑色。前翅银白稍带黄色，近基部中央有一个椭圆形大斑，斑内有一棕褐色细线，将大斑一分为二。后翅淡黄色，近外缘有一条褐色斑带。

卵球形，初产出时淡绿色，近孵化时呈灰褐色，常几十粒卵整齐排列成块，产于叶背。

老熟幼虫体长45～55毫米，头黑色，有光泽，虫体背面紫褐色，腹面紫红色，背线黑色，体侧有稍带黄色的纵线纹。各体节有黄白色长毛丛。幼龄幼虫紫红色，静止时头尾两端翘起呈舟形。

蛹暗红褐色，密布刻点，尾端有 4 或 6 个臀基刺。

3. 发生规律

该虫 1 年发生 1 代，以蛹在寄主根部附近土层内越冬。翌年 7 月上旬至 8 月中旬羽化出成虫，7 月中旬为羽化盛期。成虫昼伏夜出，具较强趋光性，交尾后 1～3 天产卵。卵多产于叶背面。卵期 7～8 天。幼虫共 5 龄。3 龄以前的幼虫群集在叶背为害，早晚及夜间取食，群集静止的幼虫沿叶缘整齐排列，头尾上翘，遇振动或惊扰则成群吐丝下垂。3 龄后渐散成小群取食，白天多停息在叶柄上，老熟幼虫受惊扰后不再吐丝下垂。9 月份，幼虫老熟后陆续沿树干爬下树，入土化蛹越冬。

4. 防治方法

（1）幼虫为害初期，可利用其群栖习性捕杀。成虫发生期，利用成虫趋光性，于傍晚用黑光灯诱杀，或点火堆诱杀。

（2）在幼虫发生期，喷布阿维菌素 2000 倍液或灭幼脲 3 号 2000～3000 倍液。

八、刺蛾类

刺蛾类俗称洋辣子，有黄刺蛾和绿刺蛾等。以黄刺蛾为例进行介绍。

1. 为害状

以幼虫伏在叶背面啃食叶肉，使叶片残缺不全，严重时只剩中间叶脉。幼虫体上的刺毛丛含有毒腺，接触人体皮肤后，会倍感痒痛而红肿。

2. 形态特征

成虫体长 13～16 毫米。头胸部黄色，腹部黄褐色，复眼黑色。前翅内半部黄色，外半部黄褐色。后翅淡褐色，翅面鳞毛较厚而密。

卵椭圆形，扁平，黄绿色，半透明。

老熟幼虫体长 25 毫米左右。头小；淡褐色，隐于前胸下。体形较肥大，成长方形，黄绿色，背面有一条较大的紫褐色斑纹。虫体两端宽，中间细，极似哑铃形。各体节有 4 个枝刺，胸部有 6 个枝刺，尾部有 2 个较大的枝刺。腹足退化。

蛹长约 12 毫米，椭圆形，黄褐色。

茧卵圆形，极似雀蛋，质地坚硬，表面光滑，灰白色。

3. 发生规律

该虫 1 年发生 1 代，以老熟幼虫在茧内越冬。越冬幼虫在 5 月下旬至 6 月上旬，于茧内化蛹，6 月中旬陆续羽化为成虫。成虫昼伏夜出，有较强的趋光性。6 月中下旬产卵，卵多产于叶背，卵期为 7～10 天。幼虫于 7 月中旬至 8 月下旬取食为害。幼龄幼虫群集于叶背啃食，长大后逐渐分散。待老熟时在小枝条或枝干的粗皮部结茧越冬。

4. 防治方法

（1）结合冬剪，将越冬茧剪掉烧毁。

（2）利用成虫趋光性，用黑光灯诱杀。利用幼龄幼虫群集为害的习性，在 7 月上中旬检查，发现幼虫后捕杀。

（3）在成虫产卵盛期，可采用赤眼蜂寄生卵粒，每亩放蜂 20 万头，每隔 5 天放 1 次，3 次放完。经过这样处理后，该害虫卵粒寄生率可达 90％以上。

（4）在幼虫发生期，喷灭幼脲 3 号 25％悬胶剂 2000
倍液或定虫隆（抑太保）5％乳油 1000～2000 倍液。

九、卷叶蛾类

危害樱桃的卷叶蛾类害虫主要有白卷叶蛾和顶芽卷蛾
等。白卷叶蛾别名苹白卷叶蛾、苹芽小卷叶蛾等；顶芽卷
蛾别名顶梢卷叶蛾、芽白小卷蛾。

1. 为害状

白卷叶蛾幼虫取食甜樱桃的芽、花蕾或叶片，常把其
中一叶的叶柄咬断，致卷叶团中有一片枯叶；也缠缀花蕾
为害。越冬代幼虫蛀入顶芽或花芽内为害越冬。

顶芽卷蛾幼虫危害新梢顶端，将叶卷为一团，食害新
芽和嫩叶。生长点被食后，顶梢歪至一边。

2. 形态特征

（1）白卷叶蛾　成虫体长 7 毫米，头胸部暗褐色，腹
部淡褐色。前翅长而宽，呈长方形，中部白色。后翅浅褐
色至灰褐色。

幼虫体长 10～12 毫米，体形较粗。头、前胸盾、胸
足及臀板，为褐色至黑褐色，虫体红褐色。

（2）顶芽卷蛾　成虫体长 6～8 毫米，淡灰褐色。前
翅长方形，翅面有灰褐色波状横纹，后翅淡灰褐色。

幼虫体长 8～10 毫米，体粗短，乳白或黄白色，头、
前胸盾、胸足及臀板均呈黑褐色。越冬幼虫体淡黄色。

3. 发生规律

白叶卷蛾 1 年发生 1 代，在黄河故道地区 1 年发生 2
代。春天果树萌芽时，幼虫出蛰，为害嫩芽和花蕾，吐丝

缀芽鳞碎屑。稍大，在枝梢顶部吐丝，缠缀数片嫩叶于内为害。6月份，老熟幼虫在卷叶团内结茧化蛹。6月中旬至7月中旬，成虫羽化产卵。7月中下旬为幼虫孵化盛期。孵化出的幼虫先在叶背沿主脉取食叶肉，吐丝缀连叶背绒毛、碎屑和虫粪等做巢为害。8月上旬转蛀芽内为害。8月中旬于被害芽内越冬。

顶芽卷蛾在黄河故道地区1年发生3代，在山东、华北以北地区1年发生2代，以2～3龄幼虫于被害梢卷叶团内结茧越冬。一个卷叶团内多为一头幼虫。寄主萌芽时，越冬幼虫出蛰，转移到邻近芽上危害嫩叶，将数片叶卷在一起，吐丝连接叶背绒毛做巢，潜伏其中，取食时身体露出，经24～36天，老熟于卷叶内结茧化蛹。5月中旬至6月下旬化蛹。各代成虫发生期，2代区为6～7月上旬、7月中下旬至8月中下旬；3代区发生在6月份、7月份和8月份。成虫昼伏夜出，喜食糖蜜。将卵散产于顶梢上部嫩叶的背面。卵期为6～7天。初孵幼虫多在顶梢卷叶内为害。幼虫共5龄，每蜕1次皮，转移1次。最后一代幼虫为害到10月中下旬，在顶梢卷叶内结茧越冬。

4. 防治方法

（1）结合冬剪，剪除被害梢和叶团，集中烧毁。

（2）生长期摘除卷叶团，消灭幼虫和蛹。

（3）越冬幼虫出蛰盛期，及第1代卵孵化盛期后喷药，药剂有1.8%阿维菌素2000倍液，或50%杀螟松1000倍液，或20%甲氰菊酯乳油2000倍液。

十、金龟子类

危害樱桃的金龟子主要有苹毛金龟子、铜绿金龟子。

1. 为害状

苹毛金龟子以成虫在花期啃食大樱桃树的嫩枝、芽、幼叶、花蕾和花。幼虫取食树体的幼根。成虫为害期约1周左右。花蕾至盛花期受害最重。严重时，影响树体正常生长和开花结果。铜绿金龟子在7～8月份为害叶片。

2. 形态特征

苹毛金龟子成虫体长8.9～12.5毫米。头胸部古铜色，有光泽。鞘翅茶褐色，具淡绿色光泽，从鞘翅上可透视出后翅折叠成"V"字形纹。腹部两侧有明显的黄色绒毛。幼虫体长约15毫米，头黄褐色，体乳白色。

铜绿金龟子成虫体长10～15厘米，鞘翅显铜绿色光泽。

3. 发生规律

（1）苹毛金龟子　1年发生1代，以成虫在土内越冬。樱桃树芽萌动期成虫开始出蛰，4月下旬至5月上旬为出蛰高峰。最先出蛰的成虫先飞至杨树、榆树上为害，随后转到樱桃继续危害。成虫危害期约1周左右，花蕾期至盛花期受害最重。成虫有假死习性，无趋光性。

（2）铜绿金龟子　1年发生1代，以幼虫在土内越冬，6月上中旬出现成虫，成虫多在夜间活动，中午群集在枝梢上危害树叶。成虫有假死习性，对黑光灯有强烈趋光性。

4. 防治方法

（1）利用成虫的假死性，早、晚在树下铺塑料膜后，振落成虫，捕杀。

（2）铜绿金龟子有趋光性的种类，可利用黑光灯诱捕，也可于傍晚在园边点火诱杀。

（3）成虫大量发生期用药，药剂有 50％辛硫磷乳剂
1500 倍液，或 20％杀灭菊酯 3000 倍液，或 25％西维因
可湿性粉剂 600 倍液。

十一、梨小食心虫

梨小食心虫别名梨小、东方果蛀蛾等。

1. 为害状

以幼虫从新梢顶端 2～3 片嫩叶的叶柄基部蛀入危害，
向下蛀食，新梢萎蔫，蛀孔外有虫粪排出，常流胶，随后
新梢干枯。

2. 形态特征

成虫体长 4～6 毫米，全体灰褐色，无光泽。前翅杂
有白色鳞片，中部有一个明显的小白点。后翅暗褐色，基
部色较淡。

卵扁椭圆形，中央稍隆起，黄白色，半透明，有
光泽。

老熟幼虫体长 10～13 毫米，黄白色或粉红色。

蛹长 6～7 毫米，纺锤形，黄褐色。

茧扁平，椭圆形，长约 10 毫米，丝质，白色。

3. 发生规律

1 年发生 3～4 代，以老熟幼虫在树体的老翘皮裂缝
中结茧越冬。越冬代幼虫化蛹期和羽化期均不整齐。越冬
幼虫化蛹期从 4 月份到 6 月中旬。蛹期半个月。羽化后第
2 天交尾，第 3 天产卵。5 月上旬至 6 月中旬，成虫主要
产卵在树梢的叶背上。卵期 5～6 天。幼虫为害期长，5～
9 月份为害新梢，有转梢为害的习性。梨小食心虫世代重
叠明显，最后一代幼虫老熟后转入老翘皮裂缝中结茧

越冬。

成虫白天多潜伏在枝叶及草丛间，傍晚活动。成虫对糖、醋和果汁有较强的趋性，有趋光性。

4. 防治方法

（1）发芽前，刮除粗翘皮，集中烧毁。8 月份，在主干上绑草束，诱集越冬幼虫，冬季取下烧毁。

（2）成虫发生期，夜间用黑光灯诱杀，或在树冠内挂糖醋液盆诱杀。

（3）春、夏季及时剪除被蛀虫梢烧毁。在 4～6 月，每 50～100 米^2 设一性诱剂诱捕器，诱杀成虫。

（4）幼虫出土期地面防治，用白僵菌粗菌剂 70～80 倍液喷洒地面后覆草防治。幼虫危害期用灭幼脲 3 号 25％悬胶剂 800 倍液以及其他菊酯类农药与有机磷制剂的复配剂等喷洒防治。

十二、红颈天牛

红颈天牛别名铁炮虫，是危害樱桃的常见害虫。

1. 为害状

以幼虫蛀食树干和大枝。先在皮层下纵横串食，后蛀入木质部，深达树干中心，在枝干中蛀成孔道。在蛀孔外堆积有木屑状虫粪，易引起流胶。受害树树体衰弱，严重时整株死亡。

2. 形态特征

成虫体长 27～30 毫米。前胸背板为橘红色，其他部位为黑色，有光泽。

卵乳白色，呈米粒状。

幼虫初为乳白色，近老熟时略带黄色。

裸蛹，淡黄色。

3. 发生规律

红颈天牛以幼虫在蛀食的虫道内越冬。6～7月份羽化为成虫，在枝干的翘皮裂缝中产卵。初孵幼虫先在枝干的皮下蛀食，蛀孔排列不整齐。第2年大幼虫深入到木质部蛀食，并从蛀孔向外排泄锯末样的红褐色虫粪。

4. 防治方法

（1）人工捕杀　成虫发生期，在中午人工捕杀成虫。

（2）树干涂白　在成虫发生期前，主干和大枝涂白，防止成虫产卵。涂白剂配方为石灰10份、硫黄粉1份、水40份。

（3）药剂防治　在树干被害部位用塑料薄膜包扎密封，用磷化铝熏杀。包扎时将被害部两端粗皮刮平，用塑料薄膜扎紧，内放磷化铝片1～2片。

十三、桃瘤蚜

1. 为害状

主要为害樱桃的叶片。被害叶片边缘向背面纵卷，并肿胀，形成"似虫瘿"，被害处淡绿至紫红色。

2. 发生规律

1年发生10余代，以卵在甜樱桃枝、芽腋处过冬。6月为繁殖盛期和危害盛期，群集，叶背吸食。

3. 防治方法

春季开花前在卵已全部孵化、尚未卷叶前喷洒50%抗蚜威可湿性粉剂2000倍液；花后及初夏根据虫情再喷1～2次农药；发芽前喷5%柴油乳剂，杀灭越冬虫。

附　　录

一、樱桃病虫害周年防治历

12 月至 2 月下旬（休眠期）

防治对象：

① 樱桃穿孔性褐斑病、枝干干腐病。

② 红颈天牛、金缘吉丁、草履蚧、桑白蚧、叶螨、蚜虫类等越冬害虫。

防治方法：

① 清除枯枝落叶，将其深埋或烧毁。结合冬剪，剪除病虫枝梢集中烧毁或深埋；刮除腐烂病疤并分别用 3～5 倍腐必清、843 康复剂或石硫合剂原液涂刷。

② 刮除树上的老翘皮，消灭越冬虫害若虫上树前在树干距地面 60～70 厘米处，绑 10 厘米宽的塑料薄膜，膜上涂凡士林油，阻止若虫上树。

3 月上中旬（萌芽期）

防治对象：

① 樱桃穿孔性褐斑病、枝干干腐病、叶螨类、白蚧、草履蚧。

② 流胶病。

防治方法：

① 萌芽前喷 3～5 波美度石硫合剂，铲除越冬病虫害。

② 3月上中旬树干涂刷菌毒清5～10倍液。

3 月底至 4 月上旬

防治对象：

金龟子。

防治方法：

① 利用成虫的假死性，于清晨或傍晚敲树振虫，捕杀成虫。

② 挂糖醋罐诱捕。

5 月

防治对象：

① 金缘吉丁。

② 流胶病。

防治方法：

① 利用成虫早晚温度低时有假死性，敲树振虫，使其假死落地，进行人工捕杀；利用糖醋液或黑光等诱杀成虫。

② 生长季发现流胶，随时刮除并涂抹菌毒清药液。

6 月下旬

防治对象：

① 金缘吉丁、红颈天牛。

② 桑白蚧、刺蛾、叶螨类、军配虫等。

③ 樱桃穿孔性褐斑病。

防治方法：

① 人工捕杀，对于金缘吉丁早晚温度低时进行，对于红颈天牛中午进行；剪除病虫枝深埋；诱杀。

② 采收后用化学药剂防治，可选择的药剂有 10％烟碱乳油 800～1000 倍，5％尼索朗乳油 2000 倍液等。

③ 6～8 月间每半月喷 1 次 50％扑海因可湿性粉剂 1500 倍或 75％百菌清 500～800 倍。

7 月

防治对象：

① 流胶病。

② 红颈天牛、桑白蚧、刺蛾、叶螨类、军配虫等。

③ 樱桃穿孔性褐斑病。

防治方法：

① 注意排涝，保持土壤通透。

② 7～8 月枝上找蛀孔人工掏挖。

③ 防治同 6 月下旬。注意杀虫、杀菌剂交替使用，避免使其产生耐药性。

8 月至 9 月

防治对象：

① 桑白蚧、刺蛾、叶螨类、军配虫等。

② 樱桃穿孔性褐斑病。

防治方法：

同 7 月。

10 月至 11 月

防治对象：

① 流胶病。

② 樱桃穿孔性褐斑病。

防治方法：

① 树体涂白。

② 清除枯枝落叶。

二、樱桃周年管理历

1 月

做好下一年准备工作。制订全年生产计划；清洁田园；准备生产资料；维修喷药机械及其他农机设备。

2 月

冬季修剪，病虫害防治。

3 月

1. 继续完善冬季修剪工作，应在本月 10 日以前结束。

2. 春季灌水越早越好，以浇解冻水为好。

3. 追肥以氮肥为主，幼树株施 0.2～0.5 千克，成年树株施 1～1.5 千克，追肥后立即浇水。

4. 根据湿度情况，幼树适时撤掉防寒土，解除枝干所覆防寒物。

5. 病虫害防治。

4 月

1. 夏季修剪　进行花前修剪，是对冬季修剪的一个补充修剪。对冬剪时因看不准而甩放过长的枝条适当回缩，对冬剪时所遗漏的枝条适当剪截。

2. 疏花疏果　对坐果率高的品种适当疏花疏果，保证果品质量；对树势较弱的植株进行疏花疏果，恢复树势。

3. 幼果期追肥　以氮、磷、钾为主，成年树株施入氮磷钾复合肥 5～8 千克左右，追肥后及时浇水。

5 月

1. 采前灌水　采前适度浇水，保持土壤湿度，以减轻樱桃采收前遇雨果实裂果程度。

2. 夏季修剪　5 月下旬至 6 月上旬对樱桃幼树进行第 1 次修剪。修剪时对主干延长枝剪留 50～60 厘米，主枝留 40～50 厘米，两侧枝留 30～40 厘米，其余枝条适当摘心。

3. 准备采收、储运　准备采收工具及包装。

4. 采收　采收时要轻拿轻放，不得碰掉果梗，不得掰掉果枝。采收时必须掌握好采摘成熟度，过早影响果实风味，过晚影响储运。

6 月

1. 樱桃采收一般在 5 月中旬至 6 月下旬。

2. 樱桃采收后，及时清理层间，疏除背上及剪锯口旺枝，回缩冗长枝，解决膛内光照问题。

3. 病虫害防治。

7月

1. 本月下旬对上次生长量不够的枝条，及经上次修剪后已达到一定生长量的枝条，再次进行剪截，剪截长度同5月修剪长度。

2. 7～8月做好雨季排涝工作。

3. 病虫害防治。

8月

1. 继续做好防涝工作。

2. 4月下旬至8月上旬是果树拉枝整形的最佳季节。此时，枝干柔软，利用这一特点调整各层各级骨干枝、辅养枝、侧枝、外围枝的方向和角度。

3. 病虫害防治。

9月

1. 8月底至9月上旬对樱桃所有生长点进行摘心，使其枝条组织充实，增强抗寒力。

2. 根据土壤墒情适时浇水。

3. 樱桃施基肥一般幼树和初结果树株施30～50千克人粪尿或圈肥120千克；结果大树株施粪肥60～80千克。

4. 病虫害防治。

10月

1. 秋耕　对全园进行深耕，改良土壤。

2. 平整土地　修畦整埝

3. 树体涂白　白涂剂配比是生石灰 5～7.5 千克＋水 20 千克＋石硫合剂原液 1 千克＋食盐 0.5～0.75 千克＋植物油 0.1 千克。

4. 清园　彻底清除园内枯枝烂叶、杂草。

11 月

1. 为防止果树冻害，果树北部做高 30 厘米的防风墙，树干涂白。

2. 土壤上冻前全园灌 1 次透水，以利果树越冬。

3. 做好其他防寒工作。

12 月

1. 幼树防寒　在 12 月底全树刷 6％聚乙烯醇，防止树干抽条。

2. 总结、准备工作　做好生产管理总结统计工作；整理病虫害监测防治记录；为下一年做准备。

参 考 文 献

[1] 郗荣庭.果树栽培学总论.第3版.北京：中国农业出版社，2006.

[2] 张玉星.果树栽培学各论.北方本.北京：中国农业出版社，2003.

[3] 孙玉刚.甜樱桃标准化生产.北京：中国农业出版社，2008.

[4] 吕平会，王云峰，韩燕.樱桃周年管理新技术.咸阳：西北农林科技大学出版社，2003.

[5] 刘成连.优质高档樱桃生产技术.郑州：中原农民出版社，2003.

[6] 农业部农民科技教育培训中心，中央农业广播电视学校组.甜樱桃栽培新技术问答.北京：中国农业科学技术出版社，2008.

[7] 中华人民共和国农业部.杏　李　樱桃100问.北京：中国农业出版社，2009.

[8] 李传仁.园林植物保护.北京：化学工业出版社，2007.

[9] 韩召军.植物保护学通论.北京：高等教育出版社，2001.

[10] 王连荣.园艺植物病理学.北京：中国农业出版社，2003.

[11] 李怀方等.园艺植物病理学.第2版.北京：中国农业大学出版社，2009.

[12] 赵改荣，李四俊.樱桃标准化生产技术.北京：金盾出版社，2007.

[13] 孙瑞红，李晓军.图说樱桃病虫害防治关键技术.北京：中国农业出版社，2012.

[14] 杜澍.果树科学实用手册.西安：陕西科学技术出版社，1986.

[15] 李光武.果树科学用药指南.北京：中国农业科技出版社，1997.

[16] 李建.北京市门头沟区果树栽培地方标准汇编.北京：中国林业出版社，2009.